U0381296

# 滆湖 生态环境演变与管控策略

徐宪根　蔡永久　周立万◎编著

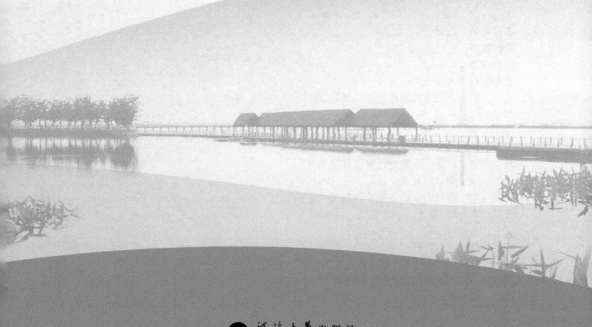

河海大学出版社
HOHAI UNIVERSITY PRESS

·南京·

**图书在版编目(CIP)数据**

滆湖生态环境演变与管控策略 / 徐宪根，蔡永久，
周立万编著. -- 南京：河海大学出版社，2023.12
　ISBN 978-7-5630-8817-1

Ⅰ．①滆…　Ⅱ．①徐…②蔡…③周…　Ⅲ．①流域—
区域水环境—生态环境建设—研究—江苏　Ⅳ．①X143

中国国家版本馆 CIP 数据核字(2023)第 255424 号

| | | |
|---|---|---|
| 书　　名 | 滆湖生态环境演变与管控策略 | |
| | GEHU SHENGTAI HUANJING YANBIAN YU GUANKONG CELÜE | |
| 书　　号 | ISBN 978-7-5630-8817-1 | |
| 责任编辑 | 陈丽茹 | |
| 特约校对 | 官美霞 | |
| 装帧设计 | 徐娟娟 | |
| 出版发行 | 河海大学出版社 | |
| 地　　址 | 南京市西康路 1 号(邮编:210098) | |
| 网　　址 | http://www.hhup.com | |
| 电　　话 | (025)83737852(总编室)　(025)83722833(营销部) | |
| | (025)83787104(编辑室) | |
| 经　　销 | 江苏省新华发行集团有限公司 | |
| 排　　版 | 南京布克文化发展有限公司 | |
| 印　　刷 | 苏州市古得堡数码印刷有限公司 | |
| 开　　本 | 718 毫米×1000 毫米　1/16 | |
| 印　　张 | 12.25 | |
| 字　　数 | 200 千字 | |
| 版　　次 | 2023 年 12 月第 1 版 | |
| 印　　次 | 2023 年 12 月第 1 次印刷 | |
| 定　　价 | 68.00 元 | |

# 《滆湖生态环境演变与管控策略》
## 编委会

**编　著**

徐宪根　　　蔡永久　　　周立万

**顾　问**

徐圃青　　　徐东炯　　　徐力刚

周　俊　　　孔优佳　　　陈　桥

**编　委**

陈　雨　　　宋　涛　　　温舒珂　　　盛路遥

殷　溢　　　吴　丹　　　濮梦圆　　　高鸣远

郭钰伦　　　陈莉娜　　　曹慧敏　　　陆森森

毛　鹍　　　张文静　　　刘田田

当我们站在时间的交汇点上，回望过去，展望未来，不禁对自然与人类活动之间的微妙关系充满了好奇与敬畏。本书便是以此为出发点，深入探讨了滆湖这一重要淡水湖泊的生态环境演变过程，实施了生态环境问题诊断，并提出了针对性的管控策略，以期为未来湖泊生态的可持续发展提供借鉴与参考。

滆湖，位于太湖流域上游，是苏南地区仅次于太湖的第二大淡水湖泊。它不仅是当地重要的水资源储备地，也是维系区域生态平衡的关键。然而，过去几十年随着人类活动的不断加剧，滆湖面临着前所未有的生态挑战。围湖造田、过度养殖、过量生活污水及工业废水排放、土地开发等活动，使得湖泊的水质恶化、生物资源衰退、生态系统失衡，滆湖逐渐由"清水草型"湖泊转变为"浊水藻型"湖泊。

面对这一严峻形势，我们不禁要问：滆湖的未来在哪里？如何才能恢复滆湖往日的生机与活力？这正是本书所要探讨的核心问题。

在撰写本书的过程中，我们深入分析了滆湖的历史变迁及生态环境问题。通过大量的实地考察、数据分析以及专家咨询，我们系统梳理了滆湖生态环境演变的过程，并分析了其背后的原因和机制。同时，我们还借鉴了国内外湖泊治理的成功经验，结合滆湖的实际情况，提出了一系列的管控策略，包括污染源治理、退圩（渔）还湖、生态清淤、生态修复、长效管控等措施，旨在恢复滆湖的生态环境，提高其生态服务功能。

为切实发挥滆湖流域作为太湖生态屏障的功能，流域内各级政府积极开展陆域及水域生态环境治理工作，但目前滆湖水生态健康状况尚未达到预期。滆湖生态环境的恢复与保护是一个长期而复杂的过程，需要政府、科研机构、企业和社会公众等多方面的共同努力。政府应制定科学合理的规划和政策,加强湖泊管理和执法力度;企业和个人应提高环保意识,减少污染排放和生态破坏行为;同时,还需要加强科研攻关和技术创新,为湖泊治理提供有力的科技支撑。

我们相信,在全社会的共同努力下,滆湖的生态环境必将得到有效的改善和恢复。未来,滆湖将继续发挥着重要的生态功能和经济价值,为当地人民带来更加美好的生活。

本书的出版得到常州市科技支撑计划项目(CE20235071、CE20205037)、国家自然科学基金项目(52070023,U2240208)、中国科学院青年创新促进会项目(2020316)、国家长江生态环境保护修复城市驻点跟踪研究项目(2022-LHYJ-02-0502-02-11)、中国科学院南京地理与湖泊研究所自主部署项目(NIGLAS2022GS02)、国家水体污染控制与治理科技重大专项(2017ZX07301-001-05)等科研项目的支持。

我们感谢所有为本书付出努力和贡献的专家和学者,感谢他们对滆湖生态环境保护和治理事业的关注和支持。同时,我们也希望本书能够引起更多人的关注和思考,共同为湖泊生态的可持续发展贡献智慧和力量。

由于作者水平有限,本书难免存在疏漏之处,敬请广大读者批评指正。

作者

2023 年 12 月

# 目 录
CONTENTS

# 第 1 章
## 潟湖的形成

滆湖位于江苏南部太湖湖西地区、武进与宜兴接壤处,北通长江,东濒太湖,南接东氿、西氿湖,西连洮湖,属洮滆水系,是苏南太湖流域第二大淡水湖泊。滆湖作为太湖上游的主要湖荡,是太湖的前置湖,对于太湖流域的行蓄洪具有重要作用,也是区域供水、生态调节的重要水域,同时对地区经济社会发展起着重要作用。

## 1.1 名称由来及历史渊源

以太湖流域为核心的"江南"在中国历史上具有重要地位,承载着丰富的历史人文信息。三国时期,太湖流域史称"江东",孙吴于此建立政权,为太湖流域经济文化发展奠定了基础。唐宋时期,太湖流域才有了人文意义上"江南"的称号。两宋时期经济重心南移,江南号称"东南财赋地,江浙人文薮"[1-2]。

滆湖作为太湖流域湖泊群之一,在历史上也有记载。滆湖疑为古时"三江五湖"之一。北魏时期,郦道元的《水经注》以长荡湖、太湖、射湖、贵湖、滆湖为五湖,这体现了滆湖在历史上的重要性[3]。随着历史变迁,滆湖的名称也略有不同。据《越绝书》记载,其时太湖平原除太湖、芙蓉湖外,尚有尸湖、小湖、杨湖、耆湖、乘湖、犹湖、语昭湖、作湖、昆湖、丹湖、麋湖、巢湖等。其中,耆湖可能即今滆湖[3]。滆湖也有西滆湖、西滆沙子湖、沙子湖、西湖、西太湖等众多名称,其中最为人们所熟知的名称是西太湖、西湖、西滆湖等。这可能归因于,历史记载中,太湖流域水系相连相通,太湖与今滆湖、长荡湖、固城湖等湖泊是一片相连的水体,后因自然演化形成东西格局,因此也有史料称太滆居民将太湖称为东湖,将滆湖称为西湖或西太湖,其名称中的"西"来自与太湖地理位置上的相对关系。而"沙子湖"这一称呼可能来自常州本地方言"筛子湖",意为"浅的湖"。

当今所用"滆湖"的名称可能源于在常武地区的地方方言中"滆"字古读"核",这个读音与常武地区方言中的"陷"字读音相近,可能取自"地陷成湖"的含义。也有人认为《素问·风论篇》中阐明"鬲"通"膈(隔)",取"滆"可能与其地理位置因水阻隔的含义有关。

江南地区以自然风景闻名于史,也有不少文人志士于此留下诗篇和记载,滆湖也不例外。苏东坡一生钟情于常州,十二次来到常州武进地区,并且曾上表朝廷乞居常州并得到批准。时值江南三月,苏东坡于常州滆湖游玩时,旖旎明媚的湖景使其灵感涌现,写下"柳絮飞时笋箨斑,风流二老对开关。雪芽我为求阳羡,乳水君应饷惠山。竹簟水风眠昼永,玉堂制草落人间。应容缓急烦闾里,桑柘聊同十亩闲"[4]。

## 1.2　滆湖的形成

滆湖属长江三角洲浅水湖泊类型,其湖面形态呈长茄形,长约 22 km,平均宽度约 7.2 km,北部最宽处约 9 km,总面积约 164 km²。湖岸形态圆滑整齐,湖盆呈浅碟形,湖底平坦,无明显起伏,平均坡度为 2°22′58″,近岸地区水深一般为 0.8~1.0 m,深水区最大水深仅为 1.5 m[5-6]。

滆湖作为太湖湖西地区湖泊群之一,其形成和演化与太湖密切相关。目前已有研究中,关于太湖的形成主要有几种观点:①潟湖说。潟湖说认为太湖平原原本是大海湾,随海水退却而变成潟湖,太湖由潟湖演化而来[7]。而景存义等人对于太湖形成的潟湖说提出高海面期、沉积物、生物化石及人类遗址等诸多疑点和矛盾,认为潟湖说不能阐明太湖的成因[8]。②构造说。构造说以太湖地区碎屑沉积物下的老断裂构造等为依据,认为太湖是地壳凹陷作用或断裂作用下产生湖盆积水而成的湖泊[9]。但构造湖具有深度大、岸坡陡、湖平面呈长条形等特点,与太湖湖盆区自全新世以来整体缓慢下沉、无明显凹陷等现象不符。因此,太湖构造说并未成熟,尚无定论。③陨击说。太湖具有湖盆洼地呈圆形的形态特征,这有可能是巨大陨石撞击形成;卫星遥感资料中太湖被认为是中国最有可能的冲击坑之一[9];此外,有研究发现太湖地区砂岩的石英晶体具有冲击变形微结构;继而又有研究报道了太湖冲击坑溅射物,为这一观点提供了支持[10]。④火山喷爆说。该观点认为太湖周围的火山活动导致太湖地区新生代缓慢的沉降。太湖周围三山岛发现的喷爆角砾岩、原生二次喷发的凝灰角砾岩与弱熔结波屑凝灰岩等能一定程度佐证这一观点[9]。⑤河道淤塞说。该观点认为太湖由于人类围垦,河道淤塞、洪涝泛滥、宣泄不畅而在洼地积水成湖[11]。

晚更新世时期,太湖所属区域气候干冷,河湖稀少,为森林草原环境。太湖形成前，其水系结构大致为西部上游山区的苕溪、荆溪（古名濑水）等流向太湖平原，苕溪沿今吴淞江东流入海，荆溪则穿过今洮湖、滆湖沿今孟河北注长江。全新世末早期，气候转暖，降水量增加，海面回升，太湖平原上的河流，因河床比降日渐变小，水流速度变慢，加之太湖地区地面断续下沉，造成河流中下游河段水流不畅，出现滞流和泛滥现象，河道两旁低洼处开始出现小湖泊及沼泽，形成滆湖雏形（10 000～6 000 年）。全新世晚期，太湖平原已形成河网密布、湖泊众多的冲积平原[3,11-12]。

太湖成因的研究为探索滆湖形成提供了一定科学支撑。滆湖作为太湖湖泊群之一，其形成受到太湖流域河道淤塞、地质活动等因素的影响。1999 年，邹松梅等人通过滆湖地质学特征、古生物特征及此区域的人类历史活动，推测滆湖主要是由于河道淤塞形成，加之气候变化、海侵影响、地质构造运动导致的陆地抬升、湖盆下降以及人类活动的影响，形成当前的滆湖[13]。2006 年，赵为民等人又进一步确认了河道淤塞是滆湖形成的主要原因，并讨论了湖区水下宽达 300 m、北东走向的全新世古河道与滆湖成因的内在联系。此河谷是入海通道，而滆湖则是沟通河谷的槽状凹地。以此推测全新世以来，常州古河谷原始地形被掩埋，河道淤塞而形成长茄形滆湖湖泊[6]。

各类研究对于滆湖形成的时间说法不一。邹松梅等人认为滆湖由沼泽洼地真正发展为湖泊在距今 6 000～2 000 年前[13]。此外，也有研究报道了滆湖湖底发现的新石器时代古代村落遗址，并在湖西岸不远的成章镇（成章镇现已并入常州市嘉泽镇，现为成章社区）上淓村地下发现晚更新世末期的古纳玛象和四不象鹿化石，基于此推测滆湖的形成距今最多不过 4 000 年[3]。在有关太湖形成的研究中推测距今约 3 000 年前，太湖周围包括常州滆湖在内的地势低洼地区相继积水成湖[11]。赵为民等人则基于湖区底部薄层浮淤厚度仅有 5～10 cm 这一现象，推测滆湖形成时间较为短暂，可能是距今 2 000 年前[6]。综上，滆湖形成时间尚无定论，基于滆湖相关的地质、生物遗迹、人类活动遗迹等推测，滆湖形成的时间不长，距今 4 000～2 000 年前。

滆湖的形成和演化大致分成了几个阶段[13]：①雏形阶段。滆湖湖底海相沉积物距今 24 700 年，表明此时滆湖为冲积平原环境；滆湖周边全新世冲湖积相或湖沼相沉积，测定年龄为 10 218±135 年，说明此时滆湖已经形成积水洼地。②发展阶段。全新世时期，滆湖的范围大概是如东组地层（$Q_r$）分布的范围,东岸的南部最初边界在前黄—漕桥一带,在漕桥南侧有较宽的河道,可与太湖相通,其他部分也比现代滆湖大得多;距今 4 500 年左右,滆湖东南侧湖岸变化迁移至坊前—漕桥西侧一带,以如东组($Q_r^{1-2fl}$)中下段与上段($Q_r^{3afl}$)接触界限为界,沉积物是湖沼积成因的灰色、深灰色淤泥质亚黏土;距今 2 000 年左右,湖盆继续缩小,湖岸位置约在如东组上段($Q_r^3$)相变线,沉积物为冲击湖成因的棕黄略带红色粉质亚黏土,顶部为粉砂。③现代滆湖阶段。滆湖区域发现了距今 2 000 年左右的陶器和铜镜等,常州古河道的发现也佐证了滆湖曾在演化中干枯,这都表明现代滆湖的形成受到人类活动的影响。在围湖造田、造塘改造的影响下,现代滆湖也有一定程度的缩小。1960 年前后,湖泊面积为 187 km²,并进一步缩小。目前,滆湖受到人工围湖等影响,当今湖岸沉积物为湖沼积灰色淤泥质亚黏土,含粉砂球,河道处为灰色粉砂。滆湖地区全新世如东组($Q_r$)沉积分布如图 1-1 所示。

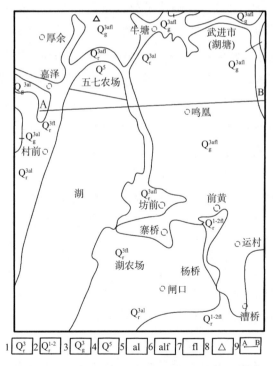

**图 1-1 滆湖地区全新世如东组($Q_r$)沉积分布[13]**

1—如东组上段;2—如东组中下段;3—滆湖组上段;4—人工堆积;5—冲积;6—冲湖积;
7—湖沼积;8—古人类遗迹点;9—地貌剖面位置。

## 1.3　小结

　　滆湖流域位处江南,具有浓厚的文化底蕴及历史色彩,在古籍中多有记载,其优越的自然条件、秀美的自然风光也使苏东坡等文人志士忘情寄笔。滆湖的得名或源于其地理条件的变化、地方方言的俗称等,目前尚未有定论。

　　滆湖位于太湖流域,其形成、演化与太湖息息相关。在潟湖说、构造说、陨击说、火山喷爆说、河道淤塞说等众多观点中,目前主要观点认为,滆湖是由于河道淤塞形成,加之气候变化、海侵影响、地质构造运动导致的陆地抬升、湖盆下降以及人类活动的影响而形成,并在历史变迁中受到人类活动影响,湖泊面积逐步缩小,形成当今滆湖。

## 参考文献

　　[1] 陈健梅.从环境史看历史时期太湖流域人地关系[J].历史地理,2015(1):352-367.

　　[2] 蒋廷峰.吴越史地研究会初探[D].上海:华东师范大学,2009.

　　[3] 魏嵩山.太湖水系的历史变迁[J].复旦学报(社会科学版),1979(2):58-64,111.

　　[4] 卞政.试论常州文化对苏轼诗词的影响[J].名作欣赏,2023(27):20-22.

　　[5] 徐锦前,钟威,蔡永久,等.近30年长荡湖和滆湖水环境演变趋势[J].长江流域资源与环境,2022(7):1641-1652.

　　[6] 赵为民,李端璐.江苏南部滆湖成因演化的初步认识[J].江苏地质,2006(2):106-111.

　　[7] 孙顺才,伍贻范.太湖形成演变与现代沉积作用[J].中国科学(B辑),1987(12):1329-1340.

　　[8] 景存义.太湖的形成与演变[J].地理科学,1989(4):88-95,98.

　　[9] 左书豪,谢志东.太湖湖盆冲击成因假说的演变及研究进展[J].地质学报,2021(9):2920-2935.

　　[10] 王鹤年,谢志东,钱汉东.太湖冲击坑溅射物的发现及其意义[J].高校地质学报,2009,15(4):437-444.

[11] 张修桂.太湖演变的历史过程[J].中国历史地理论丛,2009,24(1):5-12.

[12] 洪雪晴.太湖的形成和演变过程[J].海洋地质与第四纪地质,1991(4):87-99.

[13] 邹松梅,蒋梦林,唐兴元.江苏南部涡湖成因演化再研究[J].江苏地质,1999(1):30-33.

# 第 2 章
## 自然地理特征

## 2.1　区域地质背景

### 2.1.1　地形地貌

滆湖地区属于太湖湖西平原的一部分,地势较为平坦,总体上西高东低。自金坛涑渎向东,地面高程由 7.0 m 渐变为 5.0 m。西望茅山山脉,南眺宜溧山地,东临太湖,沿江地段有东西对峙的舜过山与顶山。地貌为冲湖积高亢平原,滆湖周边有低平水网化平原、滨湖圩田化平原[1],仅滆湖湖区为浅水湖沼洼地。滆湖周围河流众多,太湖湖西平原地区存在三大水系,分别为北部京杭运河水系、中部洮滆水系和南部南河干流水系。三大水系之间由金溧漕河、越渎河、扁担河、武宜运河等连接,北接长江,南连东氿、西氿湖与太湖,形成平原网状水系,洮滆水系主要水源来自西部茅山和南部宜溧山地。

滆湖流域地貌雏形形成于中生代印支期(距今 2.5 亿年前)的华夏系构造。基底地貌由一系列背斜、向斜及断陷组成的古山、古盆、古谷构成。经过燕山晚期及喜山早期(1.35 亿年前至 6 500 万年前)的构造变动,使地形交差不断减少。来自西部山区的山流顺着平原的自然坡度,自西南向东北流动,穿过洮、滆湖群,循今孟河北注长江。在礼嘉桥至石塘湾古谷及常州古盆内沉积了巨厚的侏罗纪、白垩纪及新生代第三纪堆积。至晚第三纪,由于不等量的差异性沉降,古盆、古谷变浅,成为浅谷及洼地,横林、江阴古山及无锡古山,呈低山残丘。湖塘桥古山被淹没,其余的古山则形成垄岗地貌:小河至九里冈地区,以及厚余、新闸、西夏墅由玄武岩覆盖着零星孤丘。到了全新世中期(约 6 000 年前),由于长江携带大量泥沙,在该地带沉积,孟河口等逐渐淤高,排水不畅,太湖面积逐渐扩大,其他一些洼地边积水成湖,从而出现了湖荡广布的格局。后又经过人类历代改造、浚治,河道、湖泊面积又逐渐缩小,成为近代所见的地貌。

### 2.1.2　地质构造

研究区域内地层为前第四纪时期形成。自老至新有:①古生界泥盆系。

中、下统茅山群为陆相地层,厚度>1 608 m;上统五通组厚度193 m,与下统茅山群呈整合-假整合接触(沉积岩岩层接触关系的一类)。②古生界石岩系。仅在芙蓉、三河口、郑陆桥等部分钻孔中显露,呈北东向狭长形分布于青明山—秦皇山西侧,埋深300 m左右。③古生界二叠系。在青明山—秦皇山的大部分钻孔中见到。此外,在卜弋桥、奔牛西的煤田钻孔中也有所见。埋藏深度一般在300~500 m,包括上、下统。④中生界三叠系。分布在横林、郑陆桥、湖塘桥、卜弋桥及奔牛西等地段,埋藏深度一般在120~300 m。⑤中生界侏罗系。仅发育中、下统在象山群、戚墅堰一带钻孔中显露,埋藏深度在100 m以下。⑥中生界白垩系。上统浦口组分布在广大的第四纪及茅三纪时期形成的地层之下,大部分在本区北部及南部一带的凹陷部分。在新生界第三系末期,常州地区尚有玄武岩喷发物,在奔牛镇、卜弋桥一带的个别钻孔内发现,厚度10余米[2]。

第四纪时期形成的地层。地壳厚度为35~37 km,地层沉积厚度一般在120~240 m。

自老至新分为:

(1)下更新统。在平原区钻孔中都有发现,底界面高一般为−140~200 m,地层厚度30~80 m。主要分布在常州凹陷盆地和低洼谷地,连江桥—湖塘桥—戚墅堰一线、三井一带,以及其他隆起部位,高亢地区、山间谷地区。

(2)中更新统。本期沉积厚度一般在60~80 m,底界面高程为60~120 m。分布由河床相、河漫滩相、冲积泛滥平原相堆积物形成一套完整的河流冲积层,以及冲击湖相堆积构成区。

(3)上更新统。此地层发育齐全,由两次完整的海、陆旋回组成,底界面高程为−30~50 m,一般厚度为30~50 m。分布由海湾潟湖相、海冲积平原相、河床相、河漫滩相、冲积相以及冲积相堆积构成区。

(4)全新统。分布于小河至九里一线以南新孟河冲积平原、沿江一带现代河漫滩以及其他河流湖荡低洼地带,厚1.10~13.93 m,一般为5 m左右。

## 2.2 区域气候特征

### 2.2.1 气温

漏湖地处北亚热带季风气候区,气候温暖湿润,四季分明。1984—2020 年间,该研究区域年平均气温为 15.24~17.95℃(中位值 16.53℃,均值 16.51℃)(图 2-1)。其中,低于 16℃ 的较低气温主要集中于 1989 年前,1994 年年均气温首度突破 17℃。以 5 年为时间间隔考察其整体气温的变化,发现 1984—1988 年平均气温仅为 15.53℃,而 2014—2018 年平均气温已达到 17.20℃。除 1999—2003 年及 2009—2013 年气温环比出现轻微回落,在整体时间趋势上,区域年均气温呈现出升高现象。

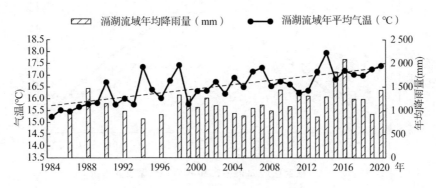

**图 2-1 研究区域年均降雨量及气温**

### 2.2.2 降雨

该研究区域雨量充沛,1998—2020 年,年均降雨量为 868.0~2 086.3 mm(中位值 1 178.6 mm,均值 1 222.4 mm)。其中,1998—2012 年,年均降雨量变化幅度小,相对稳定(889.6~1 436.0 mm,均值 1 161.2 mm)。然而,近年来呈现出极端降雨数据。2013 年年均降雨量仅为 868.0 mm,是自 1998 年以来的最低值;2015 年及 2016 年则出现了极高的年均降雨量,分别为 1 822.1 mm 和 2 086.3 mm;2019 年,年均降雨量又再次回落至 921.6 mm。随着时间发展,大于 1 222.4 mm 的年均降雨量出现频率增高,整体呈现升高趋势。

### 2.2.3 季候特征

该研究区域气温及降水量均呈现出明显的季候特征。根据 2005—2020 年气象数据,该研究区域气温及降水量在冬季(12 月—次年 2 月)达到一年中最低值,分别为 3.83~5.79℃、73.45~75.34 mm;而最高气温及降水量则集中在 6—8 月,分别达到 25.31~28.97℃、173.22~266.49 mm,这与江南平原河网区梅雨季保持一致。研究区域 2005—2020 年月均气温及降水量如图 2-2 所示。

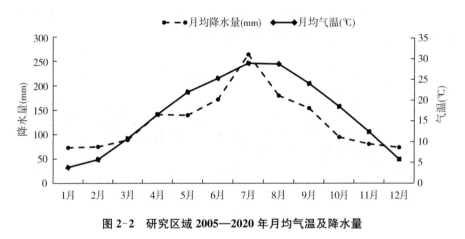

图 2-2　研究区域 2005—2020 年月均气温及降水量

## 2.3 区域水文特征

### 2.3.1 水系情况

涡湖位于太湖流域湖西区核心位置,属南溪水系,系苏南地区仅次于太湖的第二大湖泊,担负着沟通长江、太湖两大水体,进行水量调剂、防洪防涝、输送清水的重要功能,面积约 166.7 km²。据《2021 年度太湖流域及东南诸河水资源公报》记载[3],2021 年太湖西部区入太湖水量为 87.6 亿 m³,约占整个入太湖水量的 68.3%。滆湖作为太湖西部区三湖水系中的核心湖泊,在太湖流域治理及水资源管控层面具有重要战略地位。

滆湖西接洮湖,东连太湖,北承京杭大运河来水。东西两岸分别有武宜运河和孟津河自北向南纵向环绕。主要入湖河道有北部扁担河承接京杭大运河来水,西北部夏溪河承接金坛区东南部降雨径流和部分丹金溧漕河来水,西部主要有湟里河、北干河、中干河承接洮湖水以及洮滆之间降雨径流,主要出湖河道有武南河、太滆运河(由于太滆运河上建有节制闸,武宜运河以西部分回流滆湖)、漕桥河、殷村港、高渎港、烧香港等东注太湖。滆湖周边水系为平原水网,无明显的汇水边界。滆湖周围水系概况如图 2-3 所示。

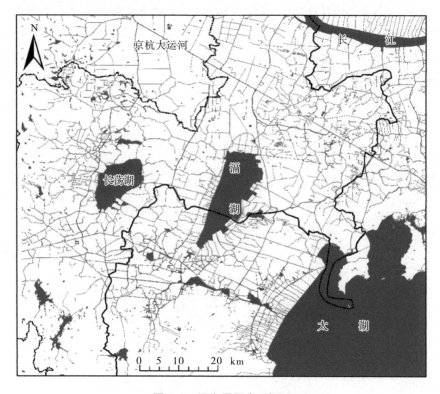

图 2-3　滆湖周围水系概况

滆湖区域内水文情势与长江的潮汐现象有着极为密切的关系。滆湖水资源补给路径包括两种:其一受茅山山脉补给,西北部地区的地表径流流经长荡湖后补给滆湖;其二受长江水补给,可通过扁担河、夏溪河等河流补给滆湖。自新孟河正式引水后,漏湖变为主要受长江补给。在新孟河引水期间,增大了长江水流入漏湖水量,漏湖及周边水系水文、水动力特征可能会发生显著变化,而真实变化特征尚不清晰,仍需长时间跟踪监测。新孟河引水结束后,漏湖补给方式仍为长江及茅山山脉补给。

## 2.3.2 水位、流量

漏湖水位和流速变化主要受上游来水和区域降雨影响,表现出明显的季节性。根据临近湖区庞渎港水文站(1953—1973 年)和坊前站(2000—2021 年)资料的统计,漏湖水位一般从 5 月开始起涨,7 月达到最高值,高水期延续至 10 月,10 月以后水位下降,至次年 1—2 月达最低值。漏湖平均水位 3.51 m,历史最高水位 5.80 m(2016 年 7 月 5 日);历史最低水位 2.39 m(1956 年 2 月 28 日);水位最大年内变幅为 2.59 m(1951 年);水位最小年内变幅为 0.01 m(2006 年);水位绝对变幅为 2.80 m。漏湖水位历史变化趋势(坊前水位站)如图 2-4 所示。

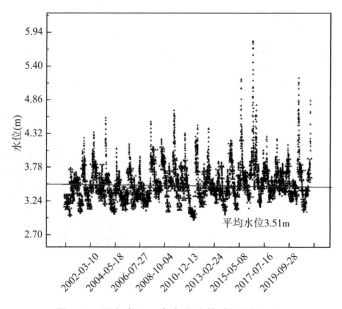

**图 2-4 漏湖水位历史变化趋势(坊前水位站)**

据实际数据计算,结合《常州水利志》记载[4],滆湖水流速度大多在 0.03～0.05 m/s,流向为西北至东南。每年通过入湖河道进入滆湖的水量为 12.4 亿 m³,通过湖面降水进入滆湖的水量约为 1.96 亿 m³,平均年入湖水量为 14.4 亿 m³;出湖河道流出的水量为 11.85 亿 m³,湖面蒸发水量为 1.04 亿 m³,湖区农业灌溉用水量为 0.094 m³,沿湖工业及乡镇用水量约为 0.04 亿 m³,合计总出湖水量为 13.02 亿 m³,湖体蓄水量为 1.38 亿 m³,进出湖水量基本平衡。

通常滆湖丰、平、枯水期月份分别为 6—8 月、3—5 月和 9—11 月、12 月—次年 2 月,具体水期可能因受到每年降雨的季节性变化影响而有所差异[5-6]。平、枯水期,沿江口门利用长江涨潮,开闸引长江水补给京杭大运河、丹金溧漕河、武宜运河、南河、洮湖、滆湖以及境内其他水网,以供航行、灌溉以及城市用水,区域内河网水流基本为西北东南流向;洪水时期,沿江口门则利用长江落潮开闸排泄境内涝水,或利用泵站向外排水,区域内河网水流基本为西东、南北流向,水流大小与长江潮位以及沿江口门翻排能力密切相关[4]。

## 2.4　土壤和植被特征

### 2.4.1　土壤条件

全国土壤普查技术规程对土壤采用土类、亚类、土属、土种和变种五级分类制。对于滆湖研究区域土壤类型探讨,则以土属尺度展开。太滆及洮滆平原由高到低,土壤分布为:白土、黄泥白土、黄泥土、乌泥土(乌栅土、灰芦土),并受微地形变化反复出现。白土、黄泥土、乌泥土所处的地面高程分别为:5～8 m,4～5 m 和 4 m 以下[7]。

其中,白土及黄泥白土均属于白土土属,是漂洗型水稻土,主要分布在太滆、洮滆平原的高平田和溧阳西部高圩田中。白土土属,土体上、中部出现质地较轻的色泽灰白或黄白色的白土层,土体构型为 A - P - E - B 型。其土壤养分含量与白土层出现的部位深浅有关。上位白土养分含量低,下位白土养分含量高,白土(30 cm 以下出现白土层)土壤肥力较好。

黄泥土土属分布广,面积大,在平原地区的平田和圩区的头进田均有分

布,成土母质以黄土状沉积物为主,部分为湖相沉积物和冲积物,土体构型为
A-P-W-$B_g$型或A-P-W-$B_g$-G型,质地为重壤,土壤肥力中等偏上,
生产性能较好,宜麦宜稻。土壤断面示意图(修改自《江苏省常州市土壤
志》)如图2-5所示。

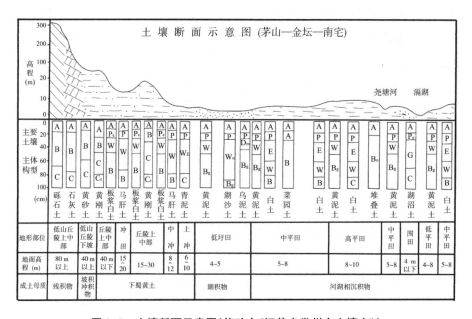

**图2-5 土壤断面示意图(修改自《江苏省常州市土壤志》)**

乌泥土主要分布在低洼圩区一、二进田和平原的低平田,成土母质系河
流冲积和湖相沉积物,剖面中、下部有乌泥或泥炭埋藏层,质地黏,为重壤,土
体结构为A-P-$D_m$-G型。土壤肥力中上等,潜在养分含量高。生产性能,
宜麦优于稻,耕性差,适耕期短。

滆湖的湖滨地段分布有湖沙土,其母质系湖相沉积物,底土层为轻壤,其
他各层为中壤,土壤肥力中等。滆湖湖荡边缘分布有湖沼土,原为滩田,经围
湖造田而成,土体构型为A-$P_g$-G型,形态呈团块状,土壤肥力中等偏下,不
宜三麦的生长。潮土土类是由冲积土直接经人为旱耕熟化发育的一种农业
土壤。其中的旱地潮淤土属分布在太滆及洮滆平原的一些高亢区域,成土
母质系长江新老冲积物和江河淤积物,质地前者轻后者黏,土壤肥力中等偏
上,适宜三麦生长[7]。

## 2.4.2 植被条件

溇湖研究区域中,除丘陵和湖荡地区尚有自然植被外,大部分地区都被人工植被覆盖。农业企业引进大量外来植物新品种,而传统的芦、蒲等有经济价值的草类植物近年因不受重视,数量逐渐减少[8]。该研究区域地属亚热带季风气候,年平均降水量充沛,农业气候条件优越,因此草本植物占绝对优势,占比达到 58.79%[9]。该研究区域内覆盖蕨类、裸子及被子植物共计499 种,隶属于 113 科 368 属。

研究区域的植被类型中,蕨类植物有 6 种,隶属于 5 科 5 属,包括剑叶凤尾蕨(*Pteris ensiformis* Burm.)、凤尾蕨[*Pteris cretica var. Nervosa* (Thunb.) Ching et S. H. Wu]、海金沙[*Lygodium japonicum* (Thunb.) Sw.]、拟鳞毛蕨[*Anisocampium cuspidatum* (Bedd.) Yea C. Liu, W. L. Chiou & M. Kato]、蕨[*Pteridium aquilinum var. latiusculum* (Desv.) Underw. ex A. Heller]、狗脊[*Cibotium barometz*(L.) J. Sm.]。其中,剑叶凤尾蕨及凤尾蕨喜潮湿,常见于溪边、河谷、山林湿地等,分布于溇湖临近的村庄和生活区。

裸子植物共计 7 科 13 属 16 种,包括侧柏[*Platycladus orientalis* (L.) Franco.]、圆柏(*Juniperus chinensis* L.)、龙柏(*Juniperus chinensis* 'Kaizuka')、柏树(*Cupressus funebris* Endl.)、红豆杉[*Taxus wallichiana var. chinensis* (Pilg.) Florin]、罗汉松[*Podocarpus macrophyllus* (Thunb.) Sweet]、杉木[*Cunninghamia lanceolata* (Lamb.) Hook.]、水杉(*Metasequoia glyptostroboides* Hu et W. C. Cheng.)、柳杉(*Cryptomeria japonica var. sinensis* Miq.)、池杉[*Taxodium distichum var. imbricarium* (Nutt.) Croom]、落羽杉[*Taxodium distichum* (L.) Rich.]、日本五针松(*Pinus parviflora* Siebold et Zucc.)、雪松[*Cedrus deodara* (Roxb. ex D. Don) G. Don]、苏铁(*Cycas revoluta* Thunb.)、银杏(*Ginkgo biloba* L.)、松属(*Pinus* L.)。其中大部分物种是人工栽培种,用于观赏、绿化等,部分有少量野生种。溇湖西岸大部分为银杏,周边分布落羽杉、苏铁。

被子植物自然分布有 101 科 350 属 477 种。其中,物种最多的四个科分别是:菊科(34 属 45 种)、禾本科(36 属 38 种)、蔷薇科(19 属 34 种)、豆科(23 属 32 种),共包含 112 属 149 种,带有明显温带区系性质。虽然园林栽培植物比乡土植物物种更丰富、应用范围更广,但乡土植物的覆盖度明显高于园林栽培植物。滆湖周边分布有香樟、樟树、大叶榉树等国家保护物种。

滆湖湖岸陆生植被中,被子植物所占比例最大,是主要组成部分。裸子植物中有4种国家一级保护植物,分别为银杏、苏铁、红豆杉、水杉。其中,银杏、苏铁和水杉属于极危(CR)物种,红豆杉属于易危(VU)物种。被子植物中有9种(7科7属)国家二级保护植物,分别为牡丹、杜仲、大叶榉树、榉树、樟树、香樟、喜树、玫瑰、野大豆。其中,玫瑰属于濒危(EN)物种,杜仲属于易危(VU)物种,大叶榉树属于近危(NT)物种,樟树和喜树尚且处于无危(LC)的状态,需引起关注。研究区域植物保护物种及保护状态如表2-1所示。

表2-1 研究区域植物保护物种及保护状态

| | 科名 | 属名 | 种名 | 珍稀濒危级别 | 保护级别 | IUCN① | CITES② |
|---|---|---|---|---|---|---|---|
| 裸子植物 | 银杏科 | 银杏属 | 银杏 | 国家保护(中国特有) | I | CR | DD |
| | 苏铁科 | 苏铁属 | 苏铁 | 国家保护 | I | CR | DD |
| | 红豆杉科 | 红豆杉属 | 红豆杉 | 国家保护 | I | UV | II |
| | 杉科 | 水杉属 | 水杉 | 国家保护(极小种群,中国特有) | I | CR | DD |
| 被子植物 | 毛茛科 | 芍药属 | 牡丹 | 国家保护 | II | DD | DD |
| | 杜仲科 | 杜仲属 | 杜仲 | 国家保护 | II | VU | DD |
| | 榆科 | 榉属 | 大叶榉树 | 国家保护 | II | NT | DD |
| | | | 榉树 | 国家保护 | II | DD | DD |
| | 樟科 | 樟属 | 樟树 | 国家保护 | II | LC | DD |
| | | | 香樟 | 国家保护 | II | DD | DD |
| | 蓝果树科 | 喜树属 | 喜树 | 国家保护 | II | LC | DD |
| | 蔷薇科 | 蔷薇属 | 玫瑰 | 国家保护 | II | EN | II |
| | 豆科 | 大豆属 | 野大豆 | 国家保护 | II | DD | DD |

注:①IUCN等级划分中,DD为数据缺乏;LC为无危,NT为近危,VU为易危,EN为濒危,CR为极危,EW为野外灭绝,EX为灭绝。

②CITES等级划分中附录I的物种为若再进行国际贸易会导致灭绝的动植物,明确规定禁止其国际性的交易;附录II的物种为目前无灭绝危机,管制其国际贸易的物种;附录III是各国视其国内需要,区域性管制国际贸易的物种。

## 2.5　小结

　　滆湖研究区域内地层结构为前第四纪时期形成,该区域属于太湖湖西平原的一部分,地势较为平坦,总体上西高东低。地貌为冲湖积高亢平原,向太湖依次有低平水网化平原、滨湖圩田化平原,仅滆湖湖区为浅水湖沼洼地。

　　滆湖属太湖上游水系,北依长江,东南连接太湖,担负着沟通长江、太湖两大水体,进行水量调剂、防洪防涝、输送清水的重要功能。该地区属北亚热带季风气候,温暖湿润,四季分明,气温及降雨在 6—8 月处于高位,滆湖水位和流速变化受上游来水和区域降雨影响,也表现出明显的季节性。

　　太滆及洮滆平原由高到低分布,依次为:白土—黄泥白土—黄泥土—乌泥土(乌栅土、灰芦土),并受微地形变化反复出现。因自然资源优越,其植被物种丰富,该研究区域内覆盖蕨类、裸子及被子植物共计 499 种,隶属于 113 科368 属,草本植物占绝对优势,占比达到 58.79%,多数区域的植被为人工植被。

## 参考文献

　　[1] 邹松梅,蒋梦林,唐兴元.江苏南部滆湖成因演化再研究[J].江苏地质,1999(1):30-33.

　　[2] 常州市国土资源志编撰委员会.常州市国土资源志[M].南京:凤凰出版社,2011.

　　[3] 常州市水利局.常州市水利志(1986—2012)[Z].常州市水利局,2018.

　　[4] 水利部太湖流域管理局.2021 年度太湖流域及东南诸河水资源公报[R].2021.

　　[5] 张舒羽,李星南,朱勇.调水情况下滆湖及周边河网水网水量水质调控方案研究[J].陕西水利,2020(12):47-49.

　　[6] 闫红飞.新孟河延伸拓浚工程对滆湖水量水质影响研究[J].水利水电技术,2015,46(4):35-38.

　　[7] 常州市农业局.江苏省常州市土壤志[Z].江苏省土壤普查办公室,1987.

　　[8] 常州市武进地方志编纂委员会.武进志(1986—2007)[M].北京:方志出版社,2011.

　　[9] 常州市武进生态环境局.常州市武进区生物多样性本底调查[R].2019.

# 第 3 章
## 流域社会经济概况

## 3.1  人口概况

  滆湖流域人口概况,以常州市及滆湖南侧的宜兴市为研究区域。研究区域人口及 GDP 概况如图 3-1 所示。最新统计年报显示[1-2],2020 年该研究区域的户籍总人口已达到 494.21 万人。回溯该区域人口发展历程,20 世纪50 及 60 年代是人口的快速增长期,1950—1969 年人口净增长 110.44 万人,年均增量达到 5.72 万人/年,年均增速为 2.0%。70 年代后,政府加强计划生育。人口出生率由 1970 年的 26.26‰下降到 15.13‰,1970—1979 年,人口净增长仅为 34.15 万人,年均增长 4.34 万人/年,增速急剧减缓,年均增速仅为 1.2%。1980—1989 年,人口净增长 31.94 万人,年均增长 3.38 万人/年,年均增速 0.8%,增速环比下降 33%。90 年代,年均增量仅为 2.15 万人/年,年均增速仅为 0.5%,进一步环比下降 37.5%。同时,1998 年首次出现了人口负增长(-1‰)。进入 21 世纪后的 10 年代,年均增量仅为 1.82 万人/年,年均增速持续下降至 0.4%,并在 2001 年再次出现人口负增长(负增长率不足 1‰)。进入 20 年代,一方面,滆湖周围的常州市及宜兴市经济高速发展,吸引了外来人口;另一方面,2011 年,国家为应对人口老龄化,鼓励生育,出台了二孩政策。受到经济和政策的影响,研究区域人口增长率有所回升。2010—2019 年间,人口增量为 24.95 万人,环比增加 41%;年均增长量为 2.60 万人/年,年均增速回升至 0.5%。从总体趋势上看,受到社会文化、经济发展及政策的影响,研究区域人口变化情况与全国保持一致,呈现出由快速增长,到增速持续下降,再到增速回升的趋势。

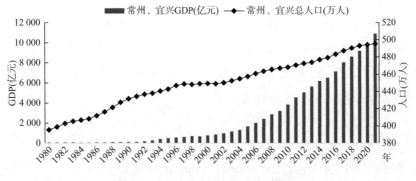

**图 3-1  研究区域人口及 GDP 概况**

## 3.2 经济概况

### 3.2.1 产业类型

滆湖流域经济概况,以包围滆湖的常州市及滆湖南侧的宜兴市为研究区域。统计年鉴显示[1-3],改革开放前,常州市以农业、林业、畜牧业等第一产业为主,产业结构大体为"一、二、三"的格局;改革开放后,工业发展加快。1980年,常州市的轻工业、重工业及建筑业等第二产业是社会总产值的主要构成,产业结构呈现"二(62.7%)、一(21.5%)、三(15.8%)"的格局。随着经济发展和产业结构调整加快,第一产业在生产总值中的比重逐年下降。与此同时,物质生活的极大满足推动以服务业为主的第三产业高速发展。1987年,第三产业(19.1%)已赶超第一产业(18.9%),产业结构调整为"二、三、一"。2015年,第三产业(49.5%)占比首次反超第二产业(47.7%),成为主要经济构成。最新统计年鉴显示,常州市响应优化产业结构的号召,实现三产高度融合发展。其中,以服务业为主的第三产业占比达到51.6%,其次是以加工制造业为主的第二产业(46.3%)及以种养殖为主的第一产业(2.1%),积极推动经济高质量发展。

1990—2020年,宜兴市也呈现出相似的发展趋势:第一产业占比逐年下降,第三产业占比逐年上升,然而第二产业在51.0%~60.5%范围内浮动,并未呈现明显的下降趋势。2020年,宜兴市第三产业占比(46.1%)未达到生产总值的一半,与第二产业(51%)相比仍有一定差距,第一产业仅占2.9%,呈现"二、三、一"的产业结构格局。

整体而言,该研究区域经济结构第一产业占比极低,以第二、三产业为主,第二、三产业在产业结构中占比接近一半。流域环境受到产业结构转型影响,如当前冶金、机械制造等行业就是滆湖环境污染物的重要来源。研究区域产业结构占比情况如图3-2所示。

### 3.2.2 GDP变化

国内生产总值(Gross Domestic Product,GDP)是经济社会一定时期内运

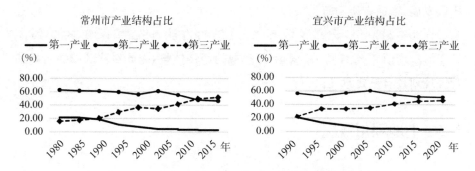

图 3-2　研究区域产业结构占比情况

用生产要素所生产的全部最终产品的市场价值,是显示地区经济状况的重要指标。20 世纪 80 年代初期,我国第三产业已得到发展,与以物质产品生产成果为主的原有统计方式不相适应,并初步开始探索与国际接轨的 GDP 统计方式。因此,该研究区域经济概况的讨论将关注 20 世纪 80 年代至今的 GDP 数据。统计年鉴显示[1-2],1981—1985 年,是我国走向改革开放的第一个五年,GDP 从 31.59 亿元增长至 63.04 亿元。"七五"计划时期(1986—1990 年)国家实行宏观调控,国民经济持续协调发展,GDP 增量达到 56.16 亿元,年均增长 11.23 亿元,年均增速达 13.6%。"八五"计划时期(1991—1995 年)改革开放进一步深化,国民经济和社会事业迅速发展,1995 年的 GDP 约是 1990 年的 4 倍,实现指数级增长,GDP 年均增速达到 33.2%。"九五"计划时期(1996—2000 年),我国整体受到亚洲金融危机影响,而研究区域 GDP 仍保持平稳增长,增速有所回落(9.3%)。"十五"计划时期(2001—2005 年)我国经济进入高速发展时期,2005 年与 2000 年相比,GDP 翻了一番,年均增速回升至 16.4%,比"九五"时期增速提高了 7.1 个百分点。"十一五"时期(2006—2010 年)以扩内需拉动经济增长,GDP 总量持续增长,年均增速环比提高 1.8 个百分点,达到 18.2%,在较大的经济总量上实现高速增长。"十二五"时期(2011—2015 年)及"十三五"时期(2016—2020 年)是社会主义现代化建设取得重要成就的时期,研究区域 GDP 平稳增长,年均增速回落,分别为 11.1% 和 8.2%。40 年来,研究区域 GDP 从 31.59 亿元增加至 9 637.53 亿元,实现 GDP 约 300 倍的增长。21 世纪后,我国进入经济高速增长时期,研究区域 GDP 呈现指数级增长,"十二五"时期后,研究区域经济目标转型为高质量发展,增速有所回落。

1980—2020 年,研究区域 GDP 总量约占江苏省的 1/10(8.04%~10.60%,均值 9.32%),承载着不可忽视的经济体量,因此对该区域的研究和管理规划具有重要意义。

## 3.3 土地利用概况

### 3.3.1 流域陆域范围

本书研究区域的选择主要基于滆湖流域河流水质及污染源分布情况进行划定,包含常州市武进区嘉泽镇、牛塘镇、前黄镇、湟里镇,钟楼区邹区镇,以及高新区及经济开发区,以及宜兴市和桥镇、官林镇、高塍镇、新建镇,研究区域面积约为 1 343.46 km²。

### 3.3.2 土地利用概况

土地利用情况对于滆湖研究区域的管理规划具有重要意义,而传统的统计方法具有耗时耗力的特点。当前,借助遥感解译技术获取土地利用情况已较为成熟[4],因此本章节通过遥感解译技术进行土地利用概况的估算及分析。

中科院创立的地理空间数据云(GS Cloud)(http://www.gscloud.cn)获取成像时间分别为 1980 年 7 月 15 日、1990 年 8 月 14 日、2000 年 7 月 31 日、2010 年 7 月 23 日和 2020 年 8 月 13 日共五期 Landsat TM/DEM 遥感影像(云量小于 10%,分辨率为 30 m×30 m)。因其特征相似,可作为 1980 年、1990 年、2000 年、2010 年和 2020 年的代表性数据。通过进一步对遥感影像数据进行几何校正和图像掩模等预处理,基于监督分类方法对遥感影像进行解译,得到了该研究区域土地利用的五个主要类型[5]:水域、鱼塘、水稻田、旱地及建设用地,并形成各类土地利用类型的空间分布和比例数据。

按照土地利用转移矩阵的计算公式,利用 Markov 模型对研究区域土地利用变化过程进行空间统计分析[6],得到 1980—2020 年间土地利用类型转移矩阵。结果显示,1980—2020 年间,该研究区域水稻田是主要的转出类型,旱地、建设用地为主要的转入类型,水域面积则保持相对稳定的状态(附图 1)。

其中,水稻田的退化最为显著,从 1980 年面积占比 59.85% 下降至 2020 年的 15.44%。进入 21 世纪,水稻田的退化更为明显,2000—2010 年及 2010—2020 年水稻田面积占比分别下降 17.39%、9.43%。2000 年及 2010 年,水稻田向旱地的转化比分别为 40.04% 和 28.52%,向建设用地的转化比分别为 20.55% 和 29.56%。同时,旱地和建设用地面积显著扩增,2010 年两者面积占比均高于 20%,旱地比例(28.49%)赶超水稻田比例(24.87%),2020 年旱地及建设用地已成为主要土地利用类型,面积之和占比超过 60%。这种现象可能主要归因于城镇化发展和人口密度增加。鱼塘面积占比则呈现出先升高后降低的趋势,这与 1980—2020 年间,滆湖开始大规模围湖养殖,而后出台退渔还湖政策有关。近 40 年土地利用类型占比如图 3-3 所示。

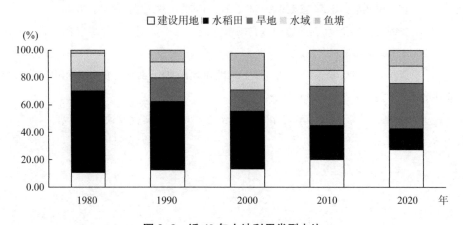

图 3-3　近 40 年土地利用类型占比

## 3.4　小结

中华人民共和国成立以来,滆湖研究区域(常州市、宜兴市)经济快速发展,GDP 总量呈指数级增长,同时产业结构转型升级,形成以第二、第三产业为主的产业结构类型;在经济快速发展的驱动下,加之社会文化、政策等影响,该研究区域人口数量也快速增长,目前承载着较大的人口体量。近 40 年来,滆湖研究区域土地利用类型发生显著变化,湖泊及水稻田面积减小、建筑用地面积显著扩大,围网养殖面积在政策影响下呈现先增后减的趋势。

　　滆湖研究区域社会经济情况的变化,是滆湖污染物溯源的重要支撑,是其生态环境评价、问题诊断、生态修复等举措的重要依据,对于深入研究滆湖的演化过程具有重要意义。

## 参考文献

　　[1] 常州市统计局,国家统计局常州调查队. 常州统计年鉴 2022[M]. 北京:中国统计出版社,2022.

　　[2] 无锡市统计局,国家统计局无锡调查队. 无锡统计年鉴 2022[M]. 北京:中国统计出版社,2022.

　　[3] 宜兴市档案史志馆. 宜兴年鉴 2022[M]. 南京:江苏人民出版社,2022.

　　[4] 杨柯. 基于 ENVI 的遥感图像自动解译分类结果优化[J]. 世界有色金属,2016 (18):130-131.

　　[5] 金洋,李恒鹏,李金莲. 太湖流域土地利用变化对非点源污染负荷量的影响[J]. 农业环境科学学报,2007(4):1214-1218.

　　[6] 鞠琴,刘酌希,王哲,等. 松花江流域土地利用格局演变及预测[J]. 水文,2022, 42(6):99-104.

# 第4章
## 潟湖水生境演变

## 4.1　水系格局及水系连通现状

近年来,滆湖周围各地城市化过程加快,水系格局及水系连通度发生了剧烈变化。大规模水利设施的建设导致河网节点化、骨干化,河流水系被纵横交错的道路分割,区域内频繁出现断头浜。此外,研究区域内不断开挖新河导致水系结构发生变化,水系结构趋于简单,使得整个滆湖周围区域水流循环受阻、水流不畅,区域河网水系连通已经成为制约水生态环境质量的重要因素。因此,本节系统分析了滆湖周围河网结构,采用综合指标评价法对滆湖周围水系格局和水系连通度现状进行了评价,并对滆湖周围水系连通度问题进行诊断,旨在为滆湖周边区域河网水系连通整治工作提供参考。

### 4.1.1　河网结构特征

滆湖流域河流众多,属于江南平原河网区,北接长江,南连太湖,西南部、西部有天目山余脉、茅山山脉,东部为宽广的平原。滆湖主要有 6 条入湖河道,年入湖水量约为 12.4 亿 $m^3$,入湖河流多位于滆湖北部和西部,有北干河、湟里河、中干河等。主要出湖河流包括太滆运河、殷村港、烧香港等,出湖河流流经常州市武进区以及宜兴市,最终注入太湖。滆湖周围河网分布如图 4-1 所示。

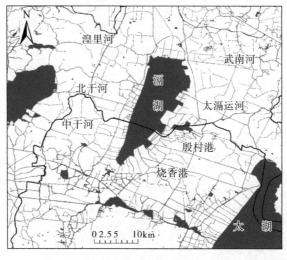

**图 4-1　滆湖周围河网分布**

### 4.1.2 评价区域划分

基于滆湖上下游关系将研究区域分为区域1(滆湖西部区)和区域2(滆湖东部区)两个评价区域(图4-2),面积分别为454.3 km² 和 499.7 km²。在评价区域内将评价河流又划分为干流和干支流两个层次。

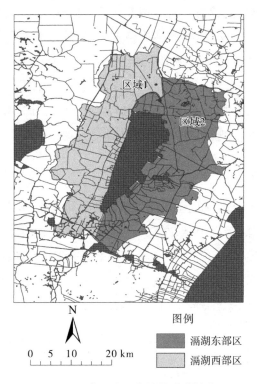

**图4-2 水系连通度评价区域划分**

其中,基于《江苏省骨干河道名录》划定的河道等级,滆湖西部区的骨干河道包括:新孟河(2级)、京杭大运河(2级)、中河-北溪河(4级)、扁担河(4级)、夏溪河(5级)、湟里河(5级)、北干河(5级)、中干河(5级)、孟津河(5级)、鹤溪河(5级),其余均为细小支流。滆湖东部区的骨干河道包括京杭大运河(2级)、武宜运河(4级)、太滆运河(4级)、漕桥河(5级)、武南河(5级)、永安河(5级)、锡溧漕河(5级)、武进港(5级),其余均为细小支流。

### 4.1.3 水系格局现状评价

**1. 评价方法**

采用水面率、河网密度、河频率指标对漏湖周围水系格局现状进行评价[1-4]，各指标计算公式如下：

（1）水面率：表示区域内河湖的丰富程度，即研究区域内所有水域面积。

$$W_p = \frac{A_w}{A} \times 100\%$$ (4-1)

（2）河网密度：表示河网水系密集的程度。

$$D_r = \frac{L_R}{A}$$ (4-2)

（3）河频率：表示河网水系数量的发育程度。

$$R_f = \frac{N}{A}$$ (4-3)

式中：$A_w$ 表示研究区内水域总面积；$A$ 表示研究区总面积；$L_R$ 表示研究区总河长；$N$ 表示研究区内河流数量。

**2. 评价结果**

水系格局评价结果如表 4-1 所示，漏湖东部区的水域总面积和总河长均高于西部区。但从水面率来看，西部区水面率为 2.57%，高于东部区（2.39%），其主要原因为西部区的骨干河流数量多于东部区，尤其自西部区内新孟河、北干河实施了拓浚，两条河流的水域面积之和约占西部区水域总面积的 34%。西部区的河网密度（0.65 km/km²）高于东部区的河网密度（0.62 km/km²），东部区的河频率（0.17 条/km²）高于西部区的河频率（0.14 条/km²）。

表 4-1  水系格局评价结果

| 水系格局参数 | 区域 1（漏湖西部区） | 区域 2（漏湖东部区） |
|---|---|---|
| 水域总面积（km²） | 11.70 | 11.92 |
| 总河长（km） | 297.43 | 308.20 |

续表

| 水系格局参数 | 区域1(滆湖西部区) | 区域2(滆湖东部区) |
|---|---|---|
| 总数目(条) | 64.00 | 87.00 |
| 水面率(%) | 2.57 | 2.39 |
| 河网密度(km/km²) | 0.65 | 0.62 |
| 河频率(条/km²) | 0.14 | 0.17 |

综上所述,滆湖西部区的水系格局总体优于东部区。西部区的骨干河流数量多,支流相对较少,水面率、河网密度高,形成了以新孟河、北干河等骨干河流为主的水系格局;东部区的骨干河流相对较少,城市支流较多,河频率高,形成了以武宜运河、太滆运河等骨干河流与城市支流并重的水系格局。

## 4.1.4　水系连通度现状评价

### 1. 评价方法

采用综合指标法对滆湖周围水系连通度现状进行评价[1-4],水系连通度计算公式如下:

(1) 水系环度(α):用于量化河网水系中节点与河道成环程度。

$$\alpha = \frac{L - N + 1}{2N - 5} \tag{4-4}$$

(2) 节点连接率(β):用于量化河网水系中节点与其他节点连接的难易程度。

$$\beta = \frac{2L}{N} \tag{4-5}$$

(3) 网络连接度(γ):用于量化河网水系中廊道间现有连接数与最大可能连接数之比。

$$\gamma = \frac{L}{L_{\max}} = \frac{L}{3N - 6} \tag{4-6}$$

式中:$N$ 表示研究区水系节点个数;$L$ 表示研究区节点之间的廊道连接数;$L_{\max}$ 表示最大廊道连接数。

对水系环度($\alpha$)、节点连接率($\beta$)和网络连接度($\gamma$)三个指标进行赋权[5]，形成水系连通度($Z$)的计算公式：

$$Z = A1\alpha + A2\beta + A3\gamma \tag{4-7}$$

式中，A1、A2、A3 的值分别为 0.3、0.3、0.4。

参照《城市水系规划导则(SL 431—2008)》，对水系连通性进行分等分级，形成了水系连通度评价标准[6]，如表 4-2 所示。

表 4-2　水系连通度评价标准

| 评价指标 | 差 | 中 | 良 | 优 |
|---|---|---|---|---|
| 水系环度($\alpha$) | (0,0.1] | (0.1,0.3] | (0.3,0.5] | (0.5,1] |
| 节点连接率($\beta$) | (0,1.5] | (1.5,2.1] | (2.1,2.7] | (2.7,3] |
| 网络连接度($\gamma$) | (0,0.3] | (0.3,0.5] | (0.5,0.7] | (0.7,1] |
| 水系连通度($Z$) | (0,0.3] | (0.3,0.5] | (0.5,0.7] | (0.7,1] |

### 2. 河网水系概化

涡湖流域水系复杂，河道纵横交错，基于景观生态学中景观生态网络连接度的概念，利用图论的相关理论对河网结构连通性进行分析。在河网水系中，将河道概化为线，将河流交汇的点定义为节点，将连接两个节点的河道定义为河链。当水系源于研究区内时，源头创建节点，汇入创建节点；当水系源于研究区外，汇于研究区内时，源头创建节点(廊道不计条数)，汇入创建节点；以涡湖为中心创建节点，同一位置的重复节点只记录为一个节点。

基于以上原则，分别将评价区域的河流进行概化以实现对水系环度、节点连接率和网络连接度的计算，如图 4-3 所示。对于骨干河流而言，西部区的节点数和河段数分别为 11 和 18，东部区的节点数和河段数分别为 12 和 17(表 4-3)，两区的节点数及河段数基本差别不大。对于全部河流而言，西部区的节点数和河段数分别为 62 和 75，东部区的节点数和河段数分别为 92 和 103。

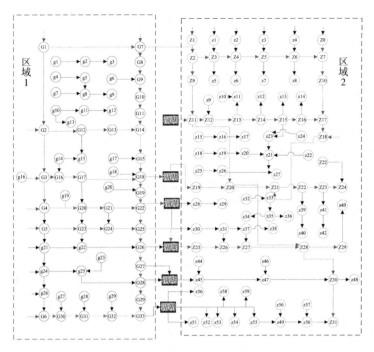

图 4-3　研究区域干支流概化

表 4-3　干流与干支流节点、河段数

| 类型 | | 节点数 | 河段数 |
|---|---|---|---|
| 干流 | 区域 1（溺湖西部区） | 11 | 18 |
| | 区域 2（溺湖东部区） | 12 | 17 |
| | 整体 | 22 | 35 |
| 干支流 | 区域 1（溺湖西部区） | 62 | 75 |
| | 区域 2（溺湖东部区） | 92 | 103 |
| | 整体 | 153 | 178 |

3. 评价结果

对于干流而言（表 4-4），溺湖西部区、东部区及区域整体的节点连接率（$\beta$）分别达到了 3.27（优）、2.83（良）、3.18（优），各河流交汇点之间的连接程度较好。三个区域的水系节点与河道的成环度良好，水系环度（$\alpha$）分别达到了 0.47（良）、0.32（良）、0.36（良）。三个区域的网络连接度（$\gamma$）整体较好，分别达到了 0.67（良）、0.57（良）、0.58（良）。

从区域水系连通度指数来看,濊湖西部区、东部区及区域整体的水系连通状况($Z$)均较好,水系连通度指数分别为 0.74、0.60、0.66,水系连通度状况分别达到了优、良、良的水平。从各区域的水系连通度指数来看,西部区的水系连通度整体高于东部区。其主要原因为:西部区水系主要以新孟河、孟津河、北干河等骨干河流为主(共 10 条),节点连接率和成环度较好,河流基本处于自然连通状态;东部区主要以武宜运河、太滆运河、武南运河等河道为主,骨干河流相对较少(共 8 条),整体节点连接状况、节点与河道之间的成环度及水系的网络连接情况均差于西部区。

表 4-4　研究区干流水系连通度指数

| | 节点连接率($\beta$) | 水系环度($\alpha$) | 网络连接度($\gamma$) | 水系连通度($Z$) |
|---|---|---|---|---|
| 区域 1(濊湖西部区) | 3.27(优) | 0.47(良) | 0.67(良) | 0.74(优) |
| 区域 2(濊湖东部区) | 2.83(良) | 0.32(良) | 0.57(良) | 0.60(良) |
| 区域整体 | 3.18(优) | 0.36(良) | 0.58(良) | 0.66(良) |

对于干支流而言(表 4-5),濊湖西部区、东部区及区域整体的节点连接状况良好,节点连接率($\beta$)分别为 2.42(良)、2.24(良)、2.33(良)。三个区域的水系节点与河道的成环度较差,水系环度($\alpha$)分别为 0.12(中)、0.07(差)、0.09(差)。三个区域的网络连接度($\gamma$)分别为 0.42、0.38、0.39,均处于中等状态。从水系环度($\alpha$)、节点连接率($\beta$)及网络连接度($\gamma$)来看,研究区内干支流的水系连通度指数相对于干流有所下降,整体状态由良降为中、差。

从区域水系连通度指数来看,濊湖西部区、东部区及区域整体的干支流水系连通度相对于干流均明显降低,指数分别为 0.44(降低了 41%)、0.39(降低了 35%)、0.42(降低了 36%),水系连通度状况由优或良降为中。由此可见,研究区内干流水系连通度远高于干支流,其主要原因是研究区内支流较多,大多数支流存在闸坝且常年处于关闭状态,大幅降低了研究区水系的水系环度($\alpha$)、节点连接率($\beta$)及网络连接度($\gamma$)。

表 4-5　研究区干支流水系连通度指数

| | 节点连接率($\beta$) | 水系环度($\alpha$) | 网络连接度($\gamma$) | 水系连通度($Z$) |
|---|---|---|---|---|
| 区域 1(濊湖西部区) | 2.42(良) | 0.12(中) | 0.42(中) | 0.44(中) |

|  | 节点连接率($\beta$) | 水系环度($\alpha$) | 网络连接度($\gamma$) | 水系连通度($Z$) |
|---|---|---|---|---|
| 区域2(滆湖东部区) | 2.24(良) | 0.07(差) | 0.38(中) | 0.39(中) |
| 区域整体 | 2.33(良) | 0.09(差) | 0.39(中) | 0.42(中) |

## 4.2 生态缓冲区土地利用演变

湖泊生态缓冲区指陆地生态系统与河湖水域生态系统之间的连接带和过渡区,是一种能缓解或减轻湖泊水生态系统受流域内各种人类活动或自然过程的破坏、干扰和污染的空间[7]。它是湖泊生态系统的重要组成部分,是湖滨带外围的保护圈,还是地表径流入湖前的重要屏障,具有涵养水源、维护生物多样性、稳定生态功能等作用[8]。

为了解滆湖周边土地利用变化,反映湖泊滨岸带生境状况和空间特征,现对滆湖周边不同宽度生态缓冲区内土地利用变化进行分类和统计分析。本节选择 1984 年、1990 年、1995 年、2000 年、2005 年、2010 年、2015 年、2020 年、2022 年共 9 期的 Landsat 系列卫星遥感影像,影像数据来源于地理空间数据云和美国地质调查局官网。

生态缓冲区共选择了 250 m、500 m、1 000 m、2 000 m、3 000 m 5 个宽度,根据中国科学院土地利用覆盖分类体系,并结合研究区域的实际情况建立了湖泊、坑塘、河流、耕地、林草、建设用地、其他共 7 种类型,所有影像均经过辐射校正和几何校正、裁剪等数据预处理步骤,并利用 ENVI 软件采用最大似然法进行监督分类,最终获得 9 期研究区土地利用类型数据。最后形成各类土地利用类型的空间分布和比例数据[9]。

不同宽度缓冲区土地利用组成的差异较小,但它们的演变趋势大体相同(附图 2)。坑塘面积在 250 m 缓冲区中平均占总面积的 40.10%,而在 3 000 m 缓冲区中仅占总面积的 26.33%,平均占比随着缓冲区宽度的增大而减小。总体来说,缓冲区宽度越大,坑塘面积占比越小,建设用地、耕地占比越大。但不同宽度占比略有不同,例如 1995 年到 2010 年期间,在 250 m 缓冲区中坑塘面积都大于耕地面积,而随着缓冲区宽度的增大,坑塘面积与耕地面积出现交叉,而在 2 000 m 与 3 000 m 缓冲区中,耕地面积都大于坑塘面积。

在空间分布上,坑塘主要分布在涡湖的南部与东南方向;建设用地在 2015 年之前分布较为分散,在 2015 年之后主要分布在湖泊的西南与东北方向;耕地在早期包围整个湖泊,随着时间变化耕地逐渐减少,现主要集中在湖泊的西北方向;河流、林草以及其他地物分布较分散。

在 250 m 缓冲区,坑塘在 2000 年之前呈现增长趋势,随后呈减少趋势,但在 2015 年至 2022 年期间坑塘面积上下浮动;林草面积在 1984 年至 1990 年间持续减少,后呈总体平稳状态;建设用地面积总体呈增加趋势,在 1984 年至 2000 年间缓慢增加,之后有所减少,但在 2010 年至 2022 年间,面积快速增加;耕地面积在 1984 年至 2000 年间持续减少,之后持续增加至 2015 年,随后又减少至 2022 年。

在 500 m 缓冲区,坑塘呈现先增加后减少再增加的趋势,面积在 1984 年至 2000 年间增加,后持续减少至 2015 年,随后面积不断增加至 2022 年。林草面积由 1984 年下降到 1990 年,随后到 2022 年总体都呈现一种持续稳定状态,变化幅度较小。建设用地面积在 1984 年至 2000 年间呈增加趋势,随后持续减少至 2010 年,但在 2010 年至 2022 年期间显著增加。耕地面积在 1984 年至 2000 年间大幅减少,之后在 2000 年至 2015 年期间,不断增加但增加幅度较小,最后至 2022 年面积持续减少。

在 1 000 m 缓冲区,坑塘面积呈先增加后减少再增加的趋势;林草面积先减少后保持稳定;建设用地先增加后减少再增加,总体呈增加趋势;耕地面积前期大幅增长,后上下波动,呈减少趋势。

在 2 000 m 缓冲区,坑塘在 1995 年之前呈现增加趋势,面积由 1984 年的 16.06 km$^2$ 上升至 1995 年的 57.76 km$^2$,随后呈减少趋势,在 2015 年面积减少至 40.39 km$^2$,之后坑塘面积缓慢增加,最后在 2022 年维持在 42.58 km$^2$。林草面积在 1984 年至 1990 年间,由 3.95 km$^2$ 减少至 1.28 km$^2$,后总体稳定。建设用地面积总体呈增加趋势,面积由 1984 年的 9.15 km$^2$ 缓慢增加到 2000 年的 21.96 km$^2$,之后有所减少,面积在 2010 年减少至 20.10 km$^2$,但在 2010 年至 2022 年间,面积快速增加,由 20.10 km$^2$ 增加至 48.46 km$^2$。耕地面积从 1984 年的 103.17 km$^2$ 大幅减少至 2000 年的 60.63 km$^2$,在后续 10 年内,面积增加至 71.88 km$^2$,而 2010 年到 2022 年面积持续减少至 45.36 km$^2$。

在 3 000 m 缓冲区,坑塘呈现先增加后减少再增加的趋势,面积由 1984 年的 20.36 km² 增加至 1995 年的 82.06 km²,后持续减少,在 2020 年减少至 54.62 km²,随后面积在 2022 年增加至 58.61 km² 并保持稳定。林草面积由 1984 年的 5.71 km² 下降至 1995 年的 1.07 km²,随后至 2015 年面积的变化幅度都较小,面积在 0.1 km² 左右,但在 2020 年面积增加至 4.68 km²。建设用地面积在 1984 年至 2000 年间呈增加趋势,由 14.17 km² 增加至 33.08 km²。随后略有减少,在 2010 年减少至 31.22 km²,但在 2010 年至 2022 年期间显著增加,最后增加至 83.95 km²。耕地面积在 1984 年至 2000 年期间大幅减少,由 162.16 km² 减少至 103.82 km²,之后在 2000 年至 2010 年期间,有所增加但增幅较小,增加到 118.79 km²,最后面积减少至 2022 年的 71.00 km²,少于建设用地的面积。漷湖生态缓冲区土地利用面积百分比变化如图 4-4 所示。

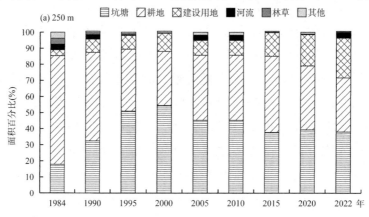

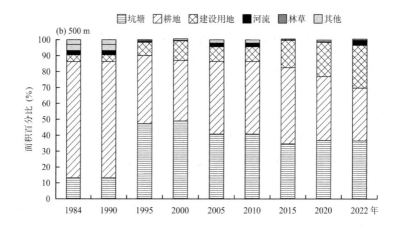

图 4-4 漷湖生态缓冲区土地利用面积百分比变化

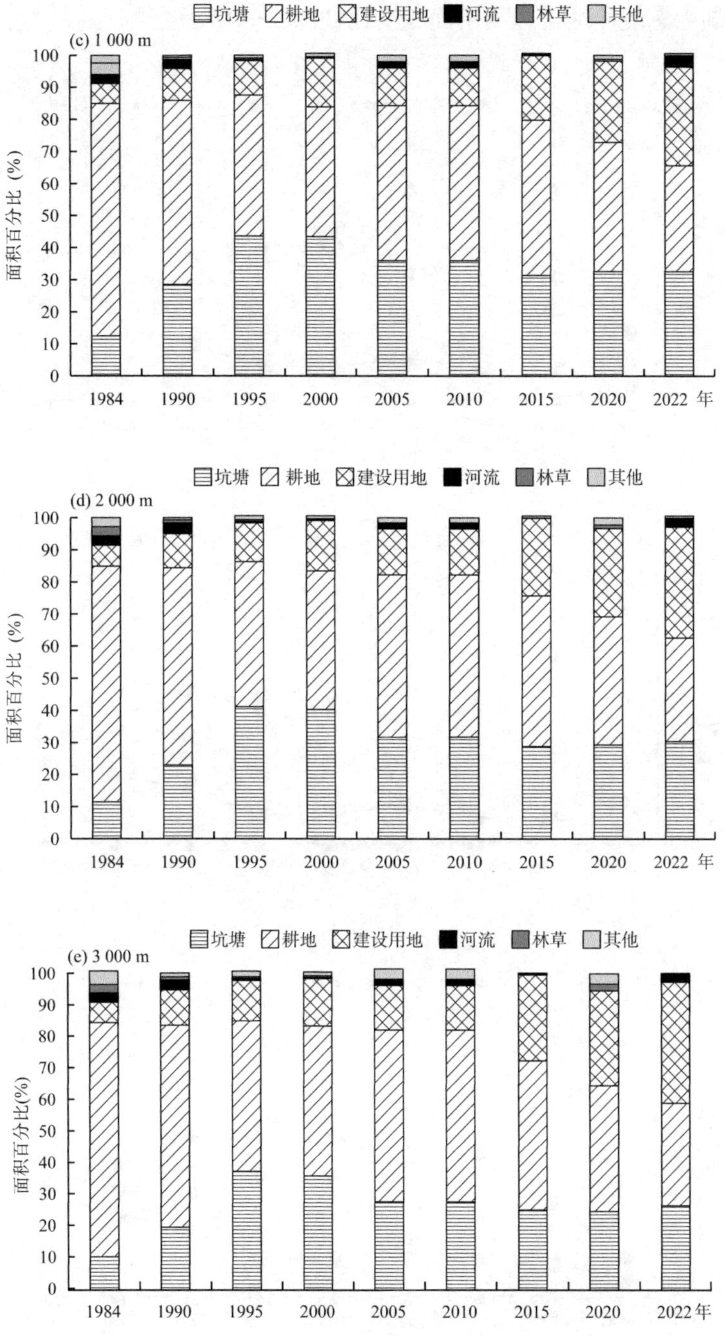


**图 4-4　滆湖生态缓冲区土地利用面积百分比变化**

滆湖生态缓冲区土地利用面积变化如图 4-5 所示。

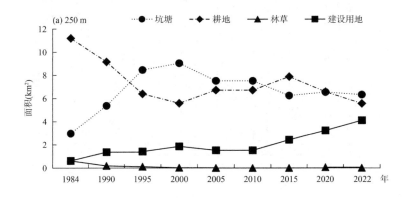

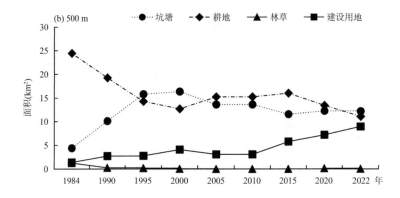

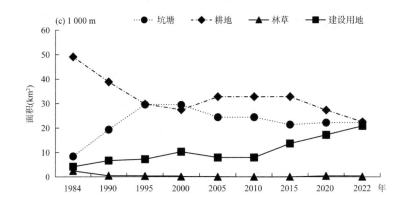

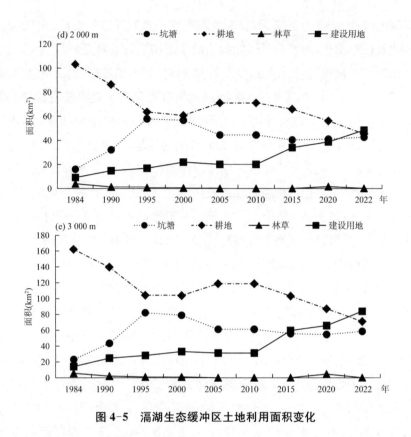

图 4-5　滆湖生态缓冲区土地利用面积变化

## 4.3　湖体开发利用

　　滆湖水面利用类型主要为圈圩、围网养殖。滆湖是我国最早开展围网养殖的湖泊之一,自 1984 年开始围网养殖试验,曾先后于"七五"(1986—1990 年)和"八五"(1991—1995 年)期间作为农业部重点攻关对象进行了围网养殖技术的研究,其养殖技术和产量都是我国围网养殖的一个典范[10-11]。

　　20 世纪 60—70 年代,受当时"以粮为纲"大背景的影响,长江中下游湖泊大范围实施"围湖造田",导致众多湖泊面积锐减,也严重降低了湖泊的洪水调蓄能力,威胁人民生命安全。从 20 世纪 80 年代开始,由于人类活动的不断增加,滆湖面临着水质恶化和生态失衡的问题,湖泊生态系统结构不断变化[12]。到 90 年代后期,水生植被持续减少,总氮和总磷的浓度持续上升,生态系统的弹性、恢复力下降,引起水生态系统一系列异常的反应,出现包括富营养化及蓝藻水华,最终严重影响湖泊的生态功能与水质安全[13]。

1998 年大洪水过后,长江流域开始大规模实行退田还湖,包括洞庭湖、鄱阳湖、太湖等[14]。2007 年暴发的太湖蓝藻危机事件敲响了我国湖泊富营养化治理的警钟,同年江苏省政府批复了《滆湖(武进)退田(渔)还湖专项规划》,规划提出退圩还湖面积 17 km²,保留 6.96 km² 作为排泥场,分两期实施。

使用 1984—2022 年 Landsat 系列影像,利用 ENVI 软件对研究区遥感影像进行预处理,主要包括辐射校正以及大气校正,其中大气校正采用 FLASH 大气校正工具;基于 ArcMap 软件进行遥感影像目视解译,获取湖体开发利用变化数据集,并将研究区划分为圈圩、围网、水体及其他共四类区域。

卫星遥感影像解译结果显示:1984 年滆湖圈圩面积为 41.63 km²,且主要集中分布在东部湖区。随后圈圩的面积变化呈增加趋势(附图 3),在 2000 年圈圩面积已经达到了 69.79 km²,相比 1984 年面积增加了 67.65%,占比由 21.45%上升至 35.96%,达到了圈圩面积的峰值。而在 2000 年以后,圈圩面积整体呈现减少的趋势。在 2005 年,滆湖圈圩面积减少至 55.58 km²,下降比例为 20.35%,而在 2010—2022 年期间,圈圩面积持续减少。主要原因在于,2011 年滆湖实施了退圩还湖工程,其中一期工程于 2011 年实施完成,还湖面积 2.01 km²。受此影响,2015 年圈圩面积减少至 47.23 km²,减少率为 17.37%。随后在 2016 年开始二期工程,退圩还湖面积共 15.01 km²,2022 年圈圩面积为 41.40 km²,相比 2010 年共减少面积 15.75 km²,与 1984 年面积大致持平。1984—2022 年滆湖水域利用面积变化如图 4-6 所示。

围网养殖方面,在 1984 年基本未见围网养殖,至 1990 年围网面积增至 26.40 km²,占比 13.60%。随后至 2005 年,是滆湖围网养殖的迅猛发展期[15],其中 1995 年相较于 1990 年增长率高达 41.24%,面积达到 37.29 km²。2000 年和 2005 年增长率分别为 24.80%、59.54%,围网养殖总面积分别为 46.54 km² 与 74.25 km²,占湖泊总面积的 23.98%和 38.25%,主要分布在湖区的西南与东北部。2005 年至 2010 年,滆湖围网养殖面积波动巨大,呈先增加后减少再增加的趋势,并在 2008 年达到滆湖围网面积的最大值 87.7 km² 左右,占湖泊总面积的 45.19%,随后因滆湖一期退圩还湖工程,在

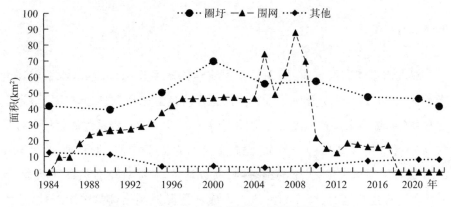

图 4-6　1984—2022 年滆湖水域利用面积变化

2010 年急速减少至 21.55 $km^2$，占比在 11.10% 左右。而 2012 年至 2017 年为稳定发展期，围网养殖面积基本维持在 15 $km^2$ 左右，占比在 8% 左右，总体变化较小。2014 年常州市武进区和宜兴市开展围网拆除工作。2015 年，滆湖围网养殖面积减少至 15.89 $km^2$，相较于 2010 年减少率为 26.26%。到 2019 年，滆湖围网基本完成拆除，仅余零星围网尚存，直到 2020 年，滆湖围网已完全拆除。1984—2022 年滆湖水域利用面积百分比变化如图 4-7 所示。

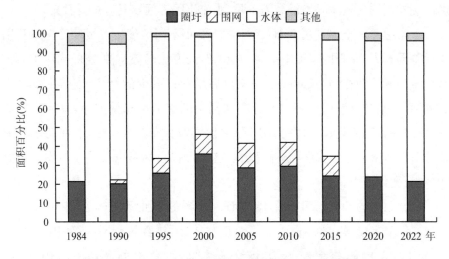

图 4-7　1984—2022 年滆湖水域利用面积百分比变化

## 4.4　小结

滆湖水系连通度方面,周围骨干河流整体水系连通度较好,水系连通度指数达 0.66(良),充分体现了太湖西部区干流良好的河湖连通状态。滆湖上游水系(区域1)水系连通度优于滆湖下游水系(区域2),水系连通度指数分别为 0.74(优)和 0.60(良)。其中,滆湖上游水系以新孟河、北干河、孟津河等 2～4 级骨干河道为主,骨干河道多,闸坝数量少,整体处于自然连通状态,水系水网节点连接情况、节点与河道之间成环情况及网络连接情况较佳,故水系连通度极佳。滆湖下游水系,以武宜运河、太滆运河等河道为主,骨干河道相对于上游水系较少,故整体水系连通度略低于滆湖上游水系,但仍处于良好的状态。

虽然滆湖周围干流的水系连通度相对较好,但干支流整体的水系连通度却一般,支流支浜水系连通度较低是区域内水系连通的主要问题。滆湖下游水系支浜密布,为满足防洪、航运等需求,闸坝等水利工程建设较多,且常年处于关闭状态,导致部分支流断流。因此,确保支流支浜水流循环顺畅,对于解决滆湖周围区域水环境承载力不足、水流不畅等问题具有重要意义。

生态缓冲区土地利用方面,1984—2022 年不同宽度生态缓冲区土地利用组成差异不大,在不同宽度中呈现相似的时间变化趋势。耕地在 1984 年遍布整个缓冲区,随时间延长总体呈先减少后增加再减少的趋势,当前主要集中在滆湖的西北方向;而坑塘主要分布在滆湖的南部与东南方向,总体呈先增加后减少的趋势;建设用地在 2015 年之前零散分布在各个区域,在此之后主要分布在西南与东北方向,总体呈增加趋势;河流、林草以及其他地物分布面积较小、变化不大。

滆湖湖体的开发利用方面,圈圩面积整体先增加后减少,在 2010 年左右达到面积最大值 69.79 km$^2$,现今面积与 1984 年圈圩面积大致相同,约为 41.40 km$^2$。围网养殖在 1984 年基本未见,随后围网面积大幅增加,在 2008 年达到峰值 87.7 km$^2$ 左右,之后因退圩还湖工作开始大范围拆除围网,至 2020 年滆湖围网已完全拆除。

# 参考文献

[1] 傅春,李云翊,王世涛. 城市化进程下南昌市城区水系格局与连通性分析[J]. 长江流域资源与环境,2017,26(7):1042-1048.

[2] 魏蓥蓥,李一平,翁晟琳,等. 太湖流域城市化对平原河网水系结构与连通性影响[J]. 湖泊科学,2020,32(2):553-563.

[3] 马栋,张晶,赵进勇,等. 扬州市主城区水系连通性定量评价及改善措施[J]. 水资源保护,2018,34(5):34-40.

[4] 马爽爽. 基于河流健康的杭嘉湖水系格局与连通性研究[D]. 南京:南京大学,2013.

[5] 夏敏,周震,赵海霞. 基于多指标综合的巢湖环湖区水系连通性评价[J]. 地理与地理信息科学,2017,33(1):73-77.

[6] 傅春,邓俊鹏,欧阳欢薮,等. 基于图论法对城市水系连通性表征及优化[J]. 地理科学,2022,42(11):2028-2038.

[7] 叶春,李春华,邓婷婷. 湖泊缓冲带功能、建设与管理[J]. 环境科学研究,2013,26(12):1283-1289.

[8] 胡小贞,许秋瑾,蒋丽佳,等. 湖泊缓冲带范围划定的初步研究——以太湖为例[J]. 湖泊科学,2011,23(5):719-724.

[9] 徐锦前,钟威,蔡永久,等. 近30年长荡湖和涡湖水环境演变趋势[J]. 长江流域资源与环境,2022,31(7):1641-1652.

[10] 余宁. 涡湖渔业生态工程的研究——3个生态区结构、功能及优化调整[C]//朱成德,王玉纲,余宁. 涡湖渔业高产模式及生态渔业研究论文集. 北京:中国农业出版社,1997:12-17.

[11] 盛建明,曹文明,刘珏琴,等. 涡湖富营养化变动趋势及防治对策研究[C]//朱成德,王玉纲,余宁. 涡湖渔业高产模式及生态渔业研究论文集. 北京:中国农业出版社,1997:48-52.

[12] 华元渝,张建,陈亚芬,等. 涡湖3个渔业生态区的结构和功能的初步研究及渔业生态模型[C]//朱成德,王玉纲,余宁. 涡湖渔业高产模式及生态渔业研究论文集. 北京:中国农业出版社,1997:19-38.

[13] XU X, ZHANG Y, CHEN Q L, et al. Regime shifts in shallow lakes observed by remote sensing and the implications for management[J]. Ecological Indicators, 2020,

113：106285.

[14] ZHOU Y，MA J，ZHANG Y，et al. Improving water quality in China：environmental investment pays dividends[J]. Water Research，2017，118：152-159.

[15] 陶花,潘继征,沈耀良,等. 涡湖沉水植物概况及退化原因分析[J]. 环境科技，2010,23(5):64-68.

# 第 5 章

## 潟湖水环境演变

20 世纪 80 年代以来,随着滆湖周围地区经济的迅速发展和城市化进程的加快,滆湖流域污染负荷不断增加,滆湖水体污染和富营养化等生态恶化现象也日趋严峻,已经严重影响到了湖区经济社会的健康发展和生产生活的供水安全,也影响到了太湖流域环境治理目标的实现[1]。受人口、产业、土地利用类型等影响,滆湖生态系统弹性严重下降,导致受到外来污染冲击时无法有效缓冲,湖体水生态系统逐步退化,由之前"清水草型"转变为"浊水藻型"[2]。

自"十一五"以来,随着国家及省市对水环境治理愈加重视,入湖河流及湖体水环境质量明显改善,但湖体 TP 等指标仍处于 V 类,$COD_{Cr}$ 不能实现稳定达标,水环境质量仍不容乐观。为揭示滆湖水环境演变进程,本章节基于历史数据,系统分析了滆湖湖体、主要入湖河道的历史水质数据变化,旨在为滆湖水环境精细化治理及水环境质量的进一步提升提供科学依据。

# 5.1　滆湖湖体

## 5.1.1　水质情况

近 40 年来(1986 年至 2020 年),滆湖水质呈现先恶化后改善的变化趋势(图 5-1),可以分为两个阶段(1986—2007 年水质逐渐恶化,2008—2020 年水质逐步改善)。

第一阶段(1986—2007 年),滆湖水质呈现为逐年恶化的趋势,各项指标于 2007 年左右达到峰值,$COD_{Mn}$、TN 和 TP 浓度增幅高达 97.91%、486.11% 和 335.29%,滆湖水质类别在 20 年间由Ⅲ类恶化为劣Ⅴ类。2007 年后,滆湖 TP 持续超标(浓度稳定在 0.1 mg/L 以上),水质至今仍为 V 类,TP 超标问题已经成为当前滆湖面临的突出水环境问题。

第一阶段水质恶化的主要原因概括为三点。第一,土地利用类型转变。20 世纪 60 年代以来,由于滆湖流域城市化进程加快,建设用地面积增加,地面硬化现象普遍。此外,种植结构发生调整,尤其 2000 年以后以旱地为主,降低了对径流的滞纳能力。第二,滆湖湖体的无节制开发。沿湖区域围湖造田

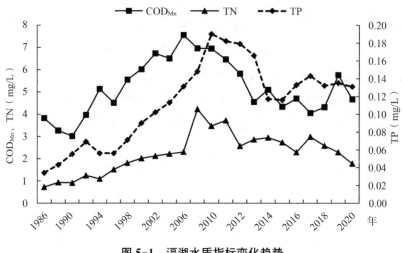

图 5-1　漷湖水质指标变化趋势

及鱼塘养殖,导致生态缓冲带进一步退化甚至消失,径流滞纳及污染物拦截功能严重退化。第三,大面积围网养殖(高峰期占湖面 1/3)。养殖期间,沉水植被衰退,湖体水环境容量下降,漷湖湖体抗冲击能力严重退化。以上原因共同导致 2007 年漷湖水生态环境状况发生重大转折。

第二阶段(2008—2020 年),漷湖水质整体上呈现为逐年改善的趋势,$COD_{Mn}$、TN 和 TP 浓度降幅分别为 38.19%、58.08% 和 11.49%,水质类别由劣Ⅴ类降至Ⅴ类,其中"十二五"期间水质改善幅度最大,"十三五"期间漷湖水质有所恶化,这可能与 2015—2016 年连续两年发生特大洪水,污染物大量汇入有关。

自 2007 年太湖水污染事件发生以来,国家高度重视洮漷流域水环境整治工作,江苏省提出"治太先治漷,关键在上游",充分体现了漷湖水环境治理对太湖水环境治理的重要性。这一阶段漷湖水环境质量改善的主要原因是,从"十一五"至今漷湖流域水环境治理投入较大,持续开展水生态修复、退渔还湖、控源截污、面源治理等工作,有效削减了漷湖水污染负荷,水生态环境质量改善效果显著。

## 5.1.2　营养状态

近 40 年来(1986—2020 年),漷湖富营养化水平整体经历了先升后降的过程,具体可以分为三个阶段(图 5-2)。

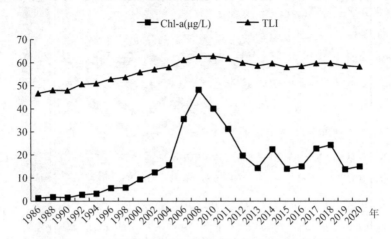

**图 5-2　滆湖综合营养状态指数(TLI)与叶绿素 a 浓度演变**

第一阶段为 1986—2008 年,滆湖综合营养状态指数整体呈逐年升高的趋势,并于 2008 年达到峰值,滆湖富营养化水平也由中营养恶化为中度富营养(转折年为 1994 年)。这一阶段富营养化水平升高一方面可能与滆湖流域土地利用类型变化有关,水田面积转变为旱地与建设用地,导致下垫面硬化,陆域对地表径流的蓄积和污染物的拦截能力下降,加大了地表径流和污染物对湖体的冲击;另一方面可能受水产养殖规模扩张影响,加之滆湖内围网养殖大面积增加,加剧了水体富营养化[3-5]。

第二阶段为 2009—2014 年,该阶段常州市水污染整治力度进一步加大,入湖河道水质逐年改善,滆湖综合营养状态指数逐年下降,不过仍处于中度富营养化水平。

第三阶段为 2015—2020 年,滆湖综合营养状态指数波动下降,并于 2019 年降至轻度富营养化。该阶段滆湖富营养化水平改善的原因可能是 2007 年太湖蓝藻暴发后,太湖流域各级政府高度重视环境治理,持续加大环境治理力度,对水环境的改善起到了重要作用[6-7]。

如图 5-3 所示,滆湖综合营养状态指数与 TN、TP 相关性较高(相关系数分别为 0.92 和 0.92),并与人口(POP)以及国内生产总值(GDP)的相关性也较高,表征了滆湖富营养化程度受到人类生产活动的影响,人类活动加剧是滆湖富营养化的重要原因。

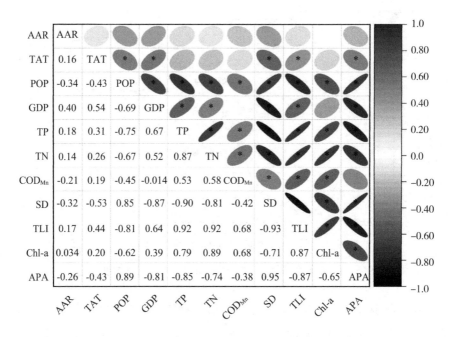

图5-3　滆湖富营养化指数(TLI)与其他指标相关性

注:年均降雨(R),年均气温(T),人口(RK),生产总值(GDP),总磷(TP),总氮(TN),高锰酸盐指数($COD_{Mn}$),透明度(SD),综合营养状态指数(TLI),叶绿素 a 浓度(Chl-a),水生植物面积(APA)。

从流域人口发展来看,近 40 年常州和宜兴两地户籍总人口增加了近100 万,并且 GDP 的大量增加都是建立在工业、农业及服务业大力发展的基础上,滆湖地处苏南地区,该区域经济起步较早,重工业发展迅速,导致在工业粗放式发展时期,大量污染物排入河湖,对水生态系统造成了极大的破坏。此外,随着土地利用类型的转变,滆湖流域对于地表径流和污染物的蓄积和滞留能力大为削弱,无法有效缓解面源污染对于河流和湖泊的冲击,最终导致湖泊富营养化进一步加重。滆湖沉水植物自 2000 年起逐年退化,至2007 年基本消失,滆湖由"清水草型"湖泊彻底退化成为"浊水藻型"湖泊,藻类暴发与富营养化相互促进,导致滆湖"藻型"状态一直延续至今。

## 5.1.3　沉积物理化性质

沉积物的理化性质是湖泊物理、化学和生物条件及其周边社会经济发展所共同作用的综合产物。同时,沉积物是众多底栖动物、沉水植物等生物类群栖息繁殖的基础条件,其理化性质很大程度上决定了生物类群结构。

长期以来,漏湖水面利用程度高,存在大面积"围湖""围网"现象[8],同时随着周边地区工农业的快速发展,漏湖入湖污染物负荷高,其中工业点源污染、城镇生活污水污染和农业面源污染是漏湖水环境污染的主要来源[9]。

本章节基于2021年漏湖5个样点表层沉积物的营养盐和重金属进行了调查,分析沉积物的营养盐和重金属等的空间格局、污染特征及生态风险。同时结合相关文献,分析沉积物污染状况垂向变化特征。

1. 样点设置与样品采集分析

漏湖沉积物样点在湖区设置了5个点位(图5-4),于漏湖北部采集1、2号点,中部采集3号点,南部采集4、5号点。用彼得森采泥器采集湖泊表层0~10 cm的沉积物样品,将采集的泥样混匀后装入清洁的聚乙烯自封袋中,冷冻保存送回实验室进行预处理及分析。

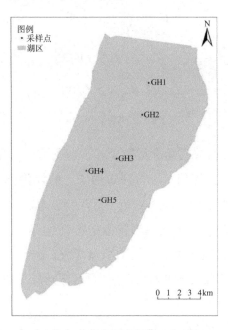

**图5-4　漏湖表层沉积物样点图**

将沉积物样品在实验室内用冷冻干燥机冻干,并剔除动植物残体及石块,经玛瑙研钵研磨处理后,过100目尼龙筛后置于干燥器中待用。

沉积物样品的分析主要参照《湖泊富营养化调查规范》[10]及《水和废水监测分析方法》[11]进行。总氮(TN)、总磷(TP)含量以过硫酸钾消解法测定,重金属 Cr、Ni、Cu、As、Cd、Pb、Mn 和 Zn 的含量使用安捷伦 7700X 型电感耦合等离子体质谱仪(ICP - MS)测定。

2. 污染评价方法

(1) 综合污染指数法

采用综合污染指数法评价表层沉积物 TN、TP 的污染程度,由单项污染指数公式计算综合污染指数(FF)。由于该方法忽略了有机质(Organic Matter)的影响,为了使评价结果更完善,同时采用有机污染指数法对沉积物污染现状进行进一步评价。底泥氮磷综合污染指数及有机污染指数的计算方程如下:

$$S_i = \frac{C_i}{C_s}$$

$$FF = \sqrt{\frac{F^2 + F_{\max}^2}{2}}$$

$$OI = OC \times ON$$

$$ON = TN \times 0.95$$

$$OC = OM/1.724$$

式中:$S_i$ 为单项评价指数或标准指数,$S_i > 1$ 表示因子 $i$ 含量超过评价标准值;$C_i$ 为评价因子 $i$ 实测值;$C_s$ 为评价因子 $i$ 的评价标准值,$TN$ 的 $C_s$ 取 1 000 mg/kg,$TP$ 的 $C_s$ 取 420 mg/kg[12];$F$ 为 $n$ 项污染指数的平均值($S_{TN}$ 和 $S_{TP}$ 的平均值);$F_{\max}$ 为最大单项污染指数($S_{TN}$ 和 $S_{TP}$ 中最大者);$OI$ 为有机指数;$OC$ 为有机碳指数;$ON$ 为有机氮指数。

沉积物综合污染程度分级如表 5-1 所示,涡湖沉积物有机污染指数评价标准如表 5-2 所示。

表 5-1　沉积物综合污染程度分级

| 等级划分 | $S_{TN}$ | $S_{TP}$ | FF | 等级 |
| --- | --- | --- | --- | --- |
| 1 | $S_{TN} \leqslant 1.0$ | $S_{TP} \leqslant 0.5$ | $FF \leqslant 1.0$ | 清洁 |

续表

| 等级划分 | $S_{TN}$ | $S_{TP}$ | $FF$ | 等级 |
|---|---|---|---|---|
| 2 | $1.0 < S_{TN} \leqslant 1.5$ | $0.5 < S_{TP} \leqslant 1.0$ | $1.0 < FF \leqslant 1.5$ | 轻度污染 |
| 3 | $1.5 < S_{TN} \leqslant 2.0$ | $1.0 < S_{TP} \leqslant 1.5$ | $1.5 < FF \leqslant 2.0$ | 中度污染 |
| 4 | $S_{TN} > 2.0$ | $S_{TP} > 1.5$ | $FF > 2.0$ | 重度污染 |

表 5-2 涡湖沉积物有机污染指数评价标准

| 指数值 | $OI < 0.05$ | $0.05 \leqslant OI < 0.20$ | $0.20 \leqslant OI < 0.5$ | $OI \geqslant 0.5$ |
|---|---|---|---|---|
| 等级 | 清洁 | 轻度污染 | 中度污染 | 重度污染 |

（2）重金属地质累积指数法

地质累积指数法是德国海德堡大学沉积物研究所[13]提出的,将人为污染因素、地球化学背景值以及由于自然成岩作用可能会引起背景值变动的因素综合考虑,其计算公式为:

$$I_{geo} = \log_2 [C/(k \cdot B)]$$

式中:$I_{geo}$ 为重金属的地积累指数;$C$ 为重金属在沉积物中的实测含量;$B$ 为沉积岩中所测该重金属的地球化学背景值,采用江苏省土壤重金属环境背景值[14];$k$ 为考虑到成岩作用可能会引起的背景值的变动而设定的常数,一般 $k = 1.5$[15]。重金属毒性响应系数($T_r$)分别为:Mn=1、Zn=1、Cr=2、Ni=5、Cu=5、As=10、Cd=30、Pb=5[16]。

江苏省的重金属背景值和毒性系数如表 5-3 所示,重金属污染程度与 $I_{geo}$ 的关系如表 5-4 所示。

表 5-3 重金属背景值和毒性系数

| 重金属元素 | Mn | Zn | Cr | Ni | Cu | As | Cd | Pb |
|---|---|---|---|---|---|---|---|---|
| 江苏省土壤背景值(mg/kg) | 629 | 73 | 76 | 32.9 | 26 | 9.4 | 0.151 | 26.8 |
| 毒性系数 | 1 | 1 | 2 | 5 | 5 | 10 | 30 | 5 |

表 5-4 **重金属污染程度与 $I_{geo}$ 的关系**

| 项目 | $I_{geo} \leqslant 0$ | $0 < I_{geo} \leqslant 1$ | $1 < I_{geo} \leqslant 2$ | $2 < I_{geo} \leqslant 3$ | $3 < I_{geo} \leqslant 4$ | $4 < I_{geo} \leqslant 5$ | $I_{geo} > 5$ |
|------|------|------|------|------|------|------|------|
| 程度 | 清洁 | 轻度 | 偏中度 | 中度 | 偏重度 | 重度 | 严重 |
| 级数 | 0 | 1 | 2 | 3 | 4 | 5 | 6 |

（3）重金属潜在生态风险评价方法

为综合反映沉积物中重金属的潜在生态影响，需考虑到重金属毒性、评价区域对重金属污染的敏感性，以及重金属区域背景值的差异，故选用 Hakanson[17] 提出的污染评价方法，其计算公式为：

$$RI = \sum_{i=1}^{n} E_r^i = \sum_{i=1}^{n} T_r^i \times c_r^i = \sum_{i=1}^{n} T_r^i \times \frac{c^i}{c_n^i}$$

式中：$RI$ 为潜在生态风险指数；$E_r^i$ 为重金属 $i$ 的潜在生态风险系数（即重金属单项潜在生态风险指数）；$T_r^i$ 为重金属 $i$ 的毒性响应系数，反映重金属的毒性水平及生物对重金属污染的敏感程度；$c_r^i$ 为重金属 $i$ 的污染指数；$c_i$ 为沉积物中重金属 $i$ 的实测值；$c_n^i$ 为重金属 $i$ 的背景值。江苏省的 $E_r^i$、$RI$ 和潜在生态风险等级如表 5-5 所示。

表 5-5 **单项及综合潜在生态风险评价指数与分级标准**

| $E_r^i$ | $RI$ | 风险等级 |
|------|------|------|
| $E_r^i < 40$ | $RI < 150$ | 轻微 |
| $40 \leqslant E_r^i < 80$ | $150 \leqslant RI < 300$ | 中等 |
| $80 \leqslant E_r^i < 160$ | $300 \leqslant RI < 600$ | 强 |
| $160 \leqslant E_r^i < 320$ | $RI \geqslant 600$ | 很强 |
| $E_r^i \geqslant 320$ | | 极强 |

**3. 沉积物营养物质**

氮、磷等营养盐作为生物生长所必需营养元素，在人类生活、工业农业生产等活动中都有相当数量的营养盐流入环境中，当排入水体的污染物超过其水体的背景水平和水体的环境容量时，会导致水体的物理、化学和生物特性发生变化,严重的会导致水体富营养化,对原有的生态系统和水体功能造成破坏[18-19]。在环境条件改变时,沉积物氮、磷等营养盐可以通过扩散、释放以及再悬浮等过程从沉积物中重新释放进入上覆水,作为内源负荷增加富营养化风险[20]。在外来排污受到控制的情况下,沉积物向水体释放的氮磷污染将会成为水体富营养化的重要原因,且与水体相比,沉积物中潜在的营养盐库十分巨大,其少量的营养盐释放就会对上覆水水质产生明显的影响[21]。因此,研究湖库沉积物中氮、磷、有机质的含量及分布特征对控制水体富营养化和生态系统状况有着重要的指导意义。

(1)营养物空间分布特征

表层沉积物(0~5 cm)中有机质、总氮、总磷含量如表 5-6 所示。有机质的含量范围为 6.79%~8.46%,平均值为 7.65%,变异系数为 8.40%。

漏湖有机质整体呈现北高南低的趋势,有机质含量高值在湖区北部,TN、TP 含量高值也在湖区北部,这进一步反映了土壤有机质是沉积物中 N、P 等有机营养元素的主要贡献者。

表 5-6　漏湖表层沉积物中有机质、总氮及总磷的含量

| 项目 | 有机质(%) | 总氮(g/kg) | 总磷(g/kg) |
|---|---|---|---|
| 最大值 | 8.46 | 2.89 | 1.17 |
| 最小值 | 6.79 | 1.99 | 0.64 |
| 平均值 | 7.65 | 2.38 | 0.88 |
| 标准偏差 | 0.64 | 0.34 | 0.22 |
| 变异系数 | 8.40 | 14.12 | 24.52 |

漏湖表层沉积物各点位有机质含量如图 5-5 所示。

表层沉积物中的总氮含量范围为 1.99~2.89 g/kg,平均值为 2.38 g/kg,变异系数为 14.12%(表 5-6)。漏湖表层沉积物总氮含量最大值位于湖区北部,这可能是源于历史上湖体北部的主要入湖河流水质较差。根据历史资料,漏湖北部承纳武进等城区污水,工农业废水经夏溪河、湟里河等入湖河流进入漏湖[22],水草消失,使得湖泊藻型化进程加快,导致湖区北部总氮含量较高。入湖口附近沉积物总氮含量较低,可能是由于该区域附近为浅滩区,受

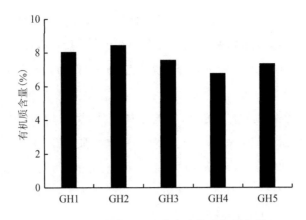

图 5-5　涡湖表层沉积物各点位有机质含量

到浅滩的阻隔,入湖河流中的氮不易在此滞留。

表层沉积物中的总磷含量范围为 0.64～1.17 g/kg,平均值为 0.88 g/kg,变异系数为 24.52%(表 5-6)。总磷的空间分布和总氮大致相似。沉积物总磷含量最大值位于湖区北部,由于湖区北部居民区较为密集,农业面积大,生活污水及工农业废水大量排放,可能导致了该区域总磷含量的升高。湖区南部总磷含量偏高,这可能与涡湖早期开展的围网养殖活动有关,虽然 2020 年涡湖围网已完全拆除,但沉积物受到的营养盐污染情况依旧较严重。总磷含量最低点为 4 号点,该点位于北干河入河口处,来水对该区域进行冲刷,使得入湖河流中的磷不易在此滞留。涡湖表层沉积物各点位总氮、总磷含量如图5-6 所示。

(2)涡湖沉积物营养物质污染评价

涡湖表层沉积物污染评价结果如表 5-7 所示。综合污染指数法显示,单项污染指数 $S_{TN}$ 范围为 1.99～2.89,平均值为 2.38;$S_{TP}$ 范围为 1.51～2.77,平均值为 2.10。$S_{TN}$ 值显示约有 20% 的点位沉积物的总氮处于中度污染水平,80% 的点位达到了重度污染;所有点位总磷达到了重度污染水平,综合污染指数(FF)范围为 1.91～2.86,平均为 2.31,所有点位处于中度-重度污染水平。同时有机污染指数法显示,有机污染指数(OI)范围为 0.822～1.284,平均为 1.009,所有点位为重度污染。

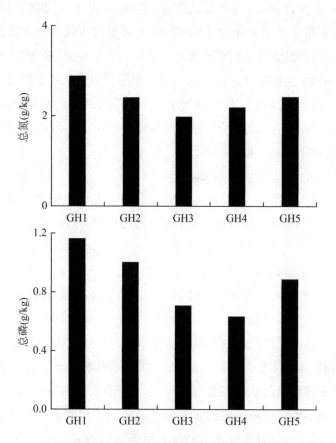

**图 5-6　滆湖表层沉积物各点位总氮、总磷含量**

**表 5-7　滆湖表层沉积物污染评价结果**　　　　　　　　　　单位：%

| 污染水平占比 | $S_{TN}$ | $S_{TP}$ | $FF$ | $OI$ |
|---|---|---|---|---|
| 清洁 | 0 | 0 | 0 | 0 |
| 轻度污染 | 0 | 0 | 0 | 0 |
| 中度污染 | 20 | 0 | 20 | 0 |
| 重度污染 | 80 | 100 | 80 | 100 |

　　综合污染指数法显示，位于湖心区的 3 号点的表层沉积物污染程度最低，处于中度污染，其余点位均为重度污染。研究表明，滆湖沉积物中的氮、磷主要来自外源性输入。1990—1996 年，武进区化肥施用量持续增加，此阶段农

业面源污染是富营养化进程的推动因素。但近30年来,沿湖地区城镇化进程加快,耕地面积缩减,工业化进程加快,工业废水的排放量大大增加,说明了外源污染是湖泊富营养化的重要途径。涸湖沉积物中氮、磷等营养盐另一来源可能为湖体水生植物衰亡。近40年来,涸湖水生植物覆盖度锐减,沉水植物全面退化,整个湖泊已由过去的清水草型湖退化成为浊水藻型湖。水生植物衰亡分解过程中存在氮、磷和有机质等营养物质的物理浸出过程,这可能是湖泊富营养化的另一重要原因。

### 4. 重金属

重金属是一类保守性、长期性且具有潜在危害性的重要污染物质,在环境中,特别是在生物体和人体中往往易于富集甚至有放大毒性的作用,长期以来都是人们重点关注的污染物种类之一。沉积物中的重金属是指示湖泊环境质量的重要影响因子,其形态和分布往往能够反映自然和人类活动对湖泊的影响。沉积物可以作为水环境中重金属的重要源和汇,外源重金属进入水体后,仅有极少量以溶解态停留在水体中,绝大部分则与悬浮物和沉积物以附着、包裹甚至晶格原子的形式结合,悬浮质粒的稳定沉降使得重金属在湖泊沉积物中具累积性特征,这些重金属可能因水体环境条件的变化再次释放,造成水体环境的二次污染。基于此,了解沉积物中的重金属含量及分布,对掌握水环境中重金属的潜在危害性及对湖泊资源的合理保护利用、重金属污染防治及区域社会经济可持续发展等具有重要意义。本节对涸湖沉积物中 Mn、Zn、Cr、Ni、Cu、As、Cd、Pb 8 种主要重金属含量进行了检测,并从整体上对重金属污染特征进行比较和分析,同时评价了沉积物中重金属的污染现状和潜在风险程度。

### (1) 涸湖重金属空间分布特征

涸湖表层沉积物重金属元素的平均含量顺序为 Mn(700.73 mg/kg)>Zn(118.50 mg/kg)>Cr(97.46 mg/kg)>Ni(52.66 mg/kg)>Cu(49.22 mg/kg)>Pb(34.19 mg/kg)>As(10.71 mg/kg)>Cd(0.41 mg/kg)(表5-8),平均含量均超出江苏省土壤背景值,Mn、Zn、Cr、Ni、Cu、As、Cd、Pb 的平均含量分别高出背景值1.11、1.62、1.28、1.60、1.89、1.14、2.72、1.28 倍。涸湖表层沉积物中主要重金属含量的变异系数(CV)均较大,其中,Mn 的变异系数达到了49.82%,其他重金属元素的 CV 均介于 19% ~ 38% 之间,表明重金属含量

空间异质性较大。

表 5-8 漏湖表层沉积物中主要重金属含量分布　　　　单位：mg/kg

| 元素 | Mn | Zn | Cr | Ni | Cu | As | Cd | Pb |
|---|---|---|---|---|---|---|---|---|
| 最大值 | 1 126.21 | 176.21 | 133.77 | 77.68 | 72.18 | 13.32 | 0.49 | 50.44 |
| 最小值 | 427.36 | 76.43 | 58.87 | 29.07 | 32.40 | 6.46 | 0.31 | 24.30 |
| 平均值 | 700.73 | 118.50 | 97.46 | 52.66 | 49.22 | 10.71 | 0.41 | 34.19 |
| 标准偏差 | 349.13 | 38.47 | 29.62 | 19.79 | 15.83 | 2.78 | 0.08 | 10.24 |
| 变异系数(%) | 49.82 | 32.46 | 30.39 | 37.58 | 32.16 | 25.97 | 19.70 | 29.95 |
| 背景值 | 629 | 73 | 76 | 32.9 | 26 | 9.4 | 0.151 | 26.8 |

（2）漏湖湖泊重金属污染评价

①重金属地积累指数法

漏湖地积累指数法评价结果如表 5-9 所示，8 种元素表现为不同程度的污染，Mn、Cr、As、Pb 表现为清洁，其他元素均处于轻度污染状态，污染程度大小为 Cd＞Cu＞Zn＞Ni ＞Pb＝Cr ＞As＞Mn。

表 5-9 漏湖表层沉积物中 8 种重金属元素地积累指数及其分级

| 元素 | 最大值 | 最小值 | 平均值 | 级数 | 污染程度 |
|---|---|---|---|---|---|
| Mn | 0.26 | −1.14 | −0.57 | 0 | 清洁 |
| Zn | 0.69 | −0.52 | 0.05 | 1 | 轻度 |
| Cr | 0.23 | −0.95 | −0.28 | 0 | 清洁 |
| Ni | 0.65 | −0.76 | 0.01 | 1 | 轻度 |
| Cu | 0.89 | −0.27 | 0.28 | 1 | 轻度 |
| As | −0.08 | −1.12 | −0.44 | 0 | 清洁 |
| Cd | 1.10 | 0.47 | 0.83 | 1 | 轻度 |
| Pb | 0.33 | −0.73 | −0.28 | 0 | 清洁 |

从表 5-10 中可以看出，在所有点位中，As 表现为清洁，Cd 处于偏中度污染状态的占 40%，轻度污染的占 60%；Cu 处于轻度污染的占 80%；Mn、Zn、Cr 和 Ni 主要表现为清洁状态，但均有 40% 的点位处于轻度污染状态；Pb 大

部分点位表现为清洁状态,但仍有20%的点位处于轻度污染状态。

表5-10 漏湖表层沉积物中8种重金属元素地积累指数分级频率分布

| 分级 | 地积累指数 $(I_{geo})$ | 污染程度 | 污染频率(%) | | | | | | | |
|---|---|---|---|---|---|---|---|---|---|---|
| | | | Mn | Zn | Cr | Ni | Cu | As | Cd | Pb |
| 0 | $I_{geo} \leqslant 0$ | 清洁 | 60 | 60 | 60 | 60 | 20 | 100 | — | 80 |
| 1 | $0 < I_{geo} \leqslant 1$ | 轻度 | 40 | 40 | 40 | 40 | 80 | — | 60 | 20 |
| 2 | $1 < I_{geo} \leqslant 2$ | 偏中度 | — | — | — | — | — | — | 40 | — |
| 3 | $2 < I_{geo} \leqslant 3$ | 中度 | — | — | — | — | — | — | — | — |
| 4 | $3 < I_{geo} \leqslant 4$ | 偏重度 | — | — | — | — | — | — | — | — |
| 5 | $4 < I_{geo} \leqslant 5$ | 中度 | — | — | — | — | — | — | — | — |
| 6 | $I_{geo} > 5$ | 严重 | — | — | — | — | — | — | — | — |

②重金属潜在生态风险评价方法

漏湖沉积物中8种重金属元素潜在生态风险指数描述性统计与等级划分如表5-11所示,可以看出,Mn、Zn、Cr、Ni、Cu、As和Pb所有点位的单项潜在生态风险等级均表现为轻微风险;Cd的所有点位中,40%表现为轻微风险,60%表现为中等风险。

漏湖表层沉积物中8种重金属的 RI 值介于92.08～153.56之间,均值为121.95,其中处于轻微风险的点位占所有点位的80%,其他点位均处于中等风险。

重金属来源可分为自然来源和人为来源,在人口密度比较大的浅水湖泊流域,人为来源为主要来源,包括工业生产、肥料使用和污水排放。漏湖跨武进区和宜兴市,近年来,环漏湖地区经济发展迅速,有色金属冶炼、电镀和使用镉化合物作为原料或触媒是造成湖泊沉积物Cd污染的主要原因之一,另外,周边农业区生产商品有机肥、农药及农家肥投入也会排放大量的Cd;As和Cu主要来自农药和工业废水的排放[23];Mn和Zn的主要来源与Cd的工业源大致相似,主要为冶炼厂、电镀厂等[24];Cr和Ni受自然因素影响较大,但一定程度上也受到人类活动影响,可能与周边工厂排放的废水有关[25];Pb主要来自矿石和汽油的燃烧以及含铅工业的排放,研究表明汽车尾气排放、汽车引擎和轮胎磨损以及燃油和润滑油泄漏等也会导致Pb的累积[26]。漏湖沉积物重金属污染主要来自工业源与农业源。

表 5-11　涡湖表层沉积物中 8 种重金属元素潜在生态风险指数描述性统计与等级划分

| 风险指数 | | 描述统计结果 | | | 风险等级(%) | | | | |
|---|---|---|---|---|---|---|---|---|---|
| | | 均值 | 范围 | 变异系数(%) | 轻微 | 中等 | 强 | 很强 | 极强 |
| 单项潜在生态风险指数 $Ei_r$ | Mn | 1.11 | 0.68~1.79 | 49.82 | 100 | — | — | — | — |
| | Zn | 1.62 | 1.05~2.41 | 32.46 | 100 | — | — | — | — |
| | Cr | 2.56 | 1.55~3.52 | 30.39 | 100 | — | — | — | — |
| | Ni | 8.00 | 4.42~11.80 | 37.58 | 100 | — | — | — | — |
| | Cu | 9.46 | 6.23~13.88 | 32.16 | 100 | — | — | — | — |
| | As | 11.40 | 6.88~14.17 | 25.97 | 100 | — | — | — | — |
| | Cd | 81.40 | 62.23~96.72 | 19.70 | 40 | 60 | — | — | — |
| | Pb | 6.38 | 4.53~9.41 | 29.95 | 100 | — | — | — | — |
| 综合潜在生态风险指数 $RI$ | | 121.95 | 92.08~153.56 | 21.41 | 80 | 20 | — | — | — |

### 5. 沉积物营养物质垂向变化特征

湖泊沉积物是各种营养物质的重要蓄积库,对上覆水体具有很强的环境净化功能[27]。而沉积物在一定程度上又能作为营养源向上覆水体释放营养盐。在柱状沉积物中,营养物质含量及赋存形态的垂向分布特征既能提供营养物质沉积与转化的历史信息,又能显示不同时期受人为和自然影响的程度,因此研究沉积物营养物质的垂向变化特征尤其重要[28]。

根据陈晶等人[29]的研究结果,2015 年 9 月底由南到北设置三个样点,分别采集 30 cm、45 cm 和 45 cm 深的沉积物柱状样。2015 年柱状样采集点位如图 5-7 所示。

图 5-7　2015 年柱状样采集点位

沉积物有机质、不同形态磷含量垂向分布如图 5-8 所示。

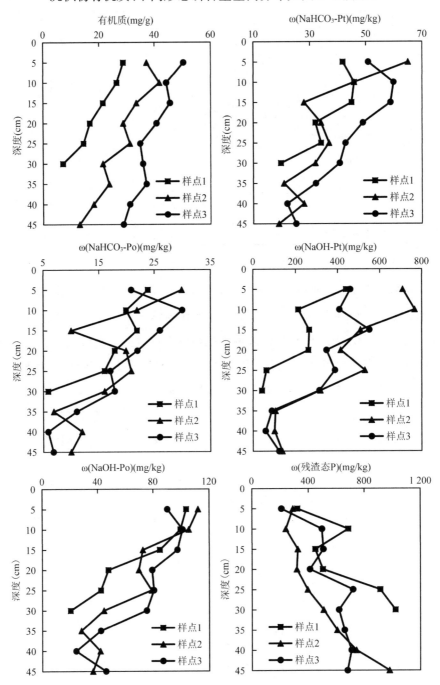

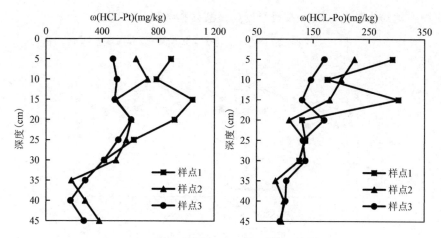

图 5-8　沉积物有机质、不同形态磷含量垂向分布

沉积物表层是湖泊中最易受外界环境影响的界面层,其垂直方向上的物化状况及其变化往往与环境因素有关。

滆湖沉积物有机质含量由表层至底层显著减少,湖区各采样点有机质总量沿垂直方向由浅至深逐渐减少,这可能与外源污染物输入、有机质沉积并逐渐矿化分解有关;在垂向深度上,各点位弱吸附态总磷和弱吸附态有机磷含量相差不大,且基本随深度的增加而减少。

可提取有机磷形态含量从大到小依次为残渣态磷、钙结合态有机磷(HCl-Po)、铁铝结合态有机磷(NaOH-Po)和弱吸附态有机磷(NaHCO₃-Po),在垂直方向上,$NaHCO_3$-Po 和 NaOH-Po 含量随深度增加而逐渐减少,表现为表层>中层>底层的趋势,残渣态磷含量随着深度的增加而逐渐升高。

# 5.2　主要入湖河道

## 5.2.1　高锰酸盐指数

2000—2020 年,北干河、湟里河、尧塘河三条主要入湖河流的高锰酸盐指数($COD_{Mn}$)经历了先恶化后改善的过程。其中,2000—2007 年三条主要入湖河流的 $COD_{Mn}$ 逐渐升高,于 2007 年达到峰值(均为 V 类)。2008—2020 年,三条主要入湖河流的 $COD_{Mn}$ 浓度逐渐降低,尤其至 2015 年下降趋势明显,至今均可达到优Ⅲ类标准。入湖河流高锰酸盐指数变化如图 5-9 所示。

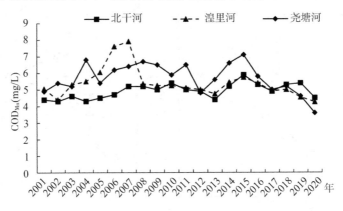

图 5-9　入湖河流高锰酸盐指数变化

### 5.2.2　总磷

2000—2020 年,北干河、湟里河、尧塘河三条主要入湖河流的总磷(TP)与 $COD_{Mn}$ 变化趋势一致,经历了先恶化后改善的过程。其中,2000—2007 年三条主要入湖河流的 TP 浓度逐渐升高,于 2007 年达到峰值(其中湟里河 TP 浓度可达 2.7 mg/L,均为Ⅴ类)。2008—2020 年,三条主要入湖河流的 TP 浓度逐渐降低,于 0.08~0.10 mg/L 之间波动,至今均优于Ⅲ类。入湖河流总磷浓度变化如图 5-10 所示。

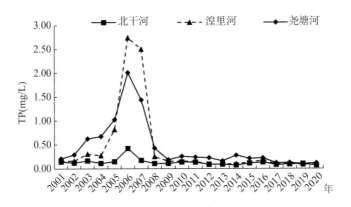

图 5-10　入湖河流总磷浓度变化

### 5.2.3 氨氮

2000—2020年,北干河、湟里河、尧塘河三条主要入湖河流的氨氮(NH$_3$-N)与TP和COD$_{Mn}$变化趋势一致,经历了先恶化后改善的过程。其中,2000—2007年三条主要入湖河流的NH$_3$-N浓度逐渐升高,于2007年达到峰值(其中湟里河、尧塘河的NH$_3$-N浓度可达4.0 mg/L以上,均为Ⅴ类)。2008—2020年,三条主要入湖河流的NH$_3$-N浓度大幅度降低,至今均可达到地表水Ⅱ类标准。入湖河流氨氮浓度变化如图5-11所示。

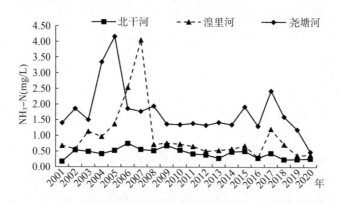

**图5-11 入湖河流氨氮浓度变化**

从整体上看,滆湖入湖河流水质演变时间节点与湖体水质演变时间节点一致,水质均于2007年存在一个重大转折。2007年以前,湖体与入湖河流水质均为恶化过程,直至2007年湖体与主要入湖河流水质恶化程度达到顶峰;2008年至今,随着水生态环境治理工作的推进,湖体和入湖河流水质明显改善,其中主要入湖河流水质基本可达到地表水Ⅲ类标准。

## 5.3 小结

从水质来看,滆湖和主要入湖河流的水质演变均经历了先恶化后改善的过程。其中,1986—2007年,滆湖及入湖河流水质主要呈现逐年恶化的趋势;2008—2020年,滆湖及入湖河流水质整体上呈现逐年改善的趋势。目前,滆湖水质情况仍为地表水Ⅴ类标准,入湖河流水质基本均可达到地表水Ⅲ类标准。

从沉积物来看,滆湖全湖整体为重度污染,湖区有机质整体呈现北高南低的趋势,有机质含量高值在湖区北部,TN、TP含量高值也在湖区北部,这进一步反映了有机质是沉积物中 N、P 等营养元素的主要贡献者。沉积物中重金属元素的平均含量均超出江苏省土壤背景值,重金属地积累指数法表明 Mn、Cr、As、Pb 表现为清洁状态,其他元素均处于轻度污染状态,污染程度大小为 Cd>Cu>Zn>Ni>Pb=Cr>As>Mn。重金属单项潜在生态风险评价法表明滆湖表层沉积物中 8 种重金属的 $RI$ 值介于 92.08～153.56 之间,均值为 121.95,总体处于轻微风险。

# 参考文献

[1] 吴云波,郑建平.滆湖入湖污染物控制对策研究[J].环境科技,2010,23(S1):12-14,19.

[2] 徐锦前,钟威,蔡永久,等.近 30 年长荡湖和滆湖水环境演变趋势[J].长江流域资源与环境,2022,31(7):1641-1652.

[3] 彭自然,陈立婧,江敏,等.滆湖水质调查与富营养状态评价[J].上海水产大学学报,2007,16(3):252-258.

[4] 胡莉莉,赵瑞坤,张向群,等.滆湖网围养殖后对水体富营养化的影响[J].水产学报,1991,15(4):291-301.

[5] 高亚岳,周俊,陈志宁,等.滆湖富营养化进程中沉水植被的演替及重建设想[J].江苏环境科技,2008,21(4):21-24.

[6] 蔡金傍,王博文,苏良湖,等.滆湖富营养化调查与评价分析[C]//2018 年全国环境污染控制与生态修复技术研讨会暨创新技术联盟中心筹备会论文集.[出版者不详],2018:1-5.

[7] 王彧.滆湖水质富营养化调查与评价[J].淮海工学院学报(自然科学版),2016,25(3):88-91.

[8] 廖润华,吴小刚,王兆德,等.太湖流域滆湖围网拆除后沉积物营养盐和重金属空间分布特征及评价[J].湖泊科学,2021,33(5):1436-1447.

[9] 熊春晖,张瑞雷,吴晓东,等.滆湖表层沉积物营养盐和重金属分布及污染评价[J].环境科学,2016,37(3):925-934.

［10］金相灿,屠清瑛.湖泊富营养化调查规范［M］.2 版.北京:中国环境科学出版社,1990.

［11］国家环境保护总局《水和废水监测分析方法》编委会.水和废水监测分析方法(第四版)［M］.北京:中国环境科学出版社,2002.

［12］杨洋,刘其根,胡忠军,等.太湖流域沉积物碳氮磷分布与污染评价［J］.环境科学学报,2014,34(12):3057-3064.

［13］MULLER G. Index of geoaccumulation in sediments of the Rhine River［J］. GeoJournal, 1969, 2(3): 109-118.

［14］廖启林,刘聪,许艳,等.江苏省土壤元素地球化学基准值［J］.中国地质,2011, 38(5):1363-1378.

［15］姜会敏,郑显鹏,李文.中国主要湖泊重金属来源及生态风险评估［J］.中国人口·资源与环境,2018,28(7):108-112.

［16］徐争启,倪师军,庹先国,等.潜在生态危害指数法评价中重金属毒性系数计算［J］.环境科学与技术,2008,31(2):112-115.

［17］HAKANSON L. An ecological risk index for aquatic pollution control:a sedimentological approach［J］. Water Research, 1980, 14(8): 975-1001.

［18］MATTHIENSEN A, BEATTIE K A, YUNES J S, et al. Microcystin-LR, from the cyanobacterium Microcystis RST 9501 and from a Microcystis bloom in the Patos Lagoon estuary, Brazil［J］. Phytochemistry, 2000, 55(5): 383-387.

［19］秦伯强.长江中下游浅水湖泊富营养化发生机制与控制途径初探［J］.湖泊科学, 2002,14(3):193-202.

［20］YANG L, LEI K, YAN W, et al. Internal loads of nutrients in Lake Chaohu of China:implications for lake eutrophication［J］. International Journal of Environmental Research, 2013, 7(4): 1021-1028.

［21］NOWLIN W H, EVARTS J L, VANNI M J. Release rates and potential fates of nitrogen and phosphorus from sediments in a eutrophic reservoir［J］. Freshwater Biology, 2010, 50(2): 301-322.

［22］蔡金傍,孙旭,苏良湖,等.漷湖污染源调查与分析［J］.江苏农业科学,2018, 46(5):224-227.

［23］张杰,郭西亚,曾野,等.太湖流域河流沉积物重金属分布及污染评估［J］.环境科学,2019,40(5):2202-2210.

［24］李莹杰,张列宇,吴易雯,等.江苏省浅水湖泊表层沉积物重金属 GIS 空间分布

及生态风险评价[J].环境科学,2016,37(4):1321-1329.

[25] 夏建东,龙锦云,高亚萍,等.巢湖沉积物重金属污染生态风险评价及来源解析[J].地球与环境,2020,48(2):220-227.

[26] 邵莉,肖化云,吴代赦,等.交通源重金属污染研究进展[J].地球与环境,2012,40(3):445-459.

[27] 范成新.滆湖沉积物理化特征及磷释放模拟[J].湖泊科学,1995,7(4):341-350.

[28] 李江,金相灿,姜霞,等.太湖不同营养水平湖区沉积物理化性质和磷的垂向变化[J].环境科学研究,2007,20(4):64-69.

[29] 陈晶,张毅敏,杨飞,等.基于核磁共振技术的滆湖沉积物有机磷垂直分布特征[J].生态与农村环境学报,2018,34(9):850-856.

# 第 6 章
## 潟湖水生态演变

## 6.1 水生植被演变

### 6.1.1 种类组成与优势种

历史资料表明,在 2005 年以前很长的一段时间里,漏湖是以沉水植物为主的典型草型湖泊。20 世纪 70 年代,漏湖中水生植物主要为苦草、马来眼子菜、聚草和轮叶黑藻,其中马来眼子菜约占全湖面积的 40％以上,苦草占比为 16％[1]。20 世纪 80 年代以来,漏湖水生植物大量繁衍,覆盖面积逐步扩大。1986 年调查发现,漏湖水生植物优势种为轮藻(占全湖面积的 35.35％)、聚草(占比 19.02％)和马来眼子菜(占比 15.25％),此外苦草、轮叶黑藻也占有一定比例[1]。20 世纪 90 年代初期,漏湖水生植物种类最多,覆盖面积最大,生物量最多,记录到水生植物共 44 种[2],分属 23 科,其中主要优势类群为沉水植物,共计 13 种,形成了"黄丝草、苦草＋轮叶黑藻-黄丝草＋菹草、菹草＋苦草-黄丝草＋聚草、槐叶萍"四种主要群丛,其主要优势种为黄丝草,平均占全湖面积的 85.8％。漏湖水生植物名录(1986—2022 年)如表 6-1 所示。

表 6-1 漏湖水生植物名录(1986—2022 年)

| 科 | 中文名 | 拉丁学名 |
|---|---|---|
| 香蒲科 | 水烛 | *Typha angustifolia* |
| 禾本科 | 菰 | *Zizania latifolia* |
| | 芦苇 | *Phragmites australis* |
| | 稗 | *Echinochloa crus-galli* |
| | 五节芒 | *Miscanthus floridulus* |
| 莎草科 | 荸荠 | *Eleocharis dulcis* |
| | 牛毛毡 | *Eleocharis yokoscensis* |
| | 水虱草 | *Fimbristylis miliacea* |
| | 碎米莎草 | *Cyperus iria* |
| | 荆三棱 | *Bolboschoenus yagara* |
| 菖蒲科 | 菖蒲 | *Acorus calamus* |

续表

| 科 | 中文名 | 拉丁学名 |
|---|---|---|
| 天南星科 | 大薸 | *Pistia stratiotes* |
| | 稀脉浮萍 | *Lemna perpusilla* |
| | 紫萍 | *Spirodela polyrhiza* |
| 蓼科 | 水蓼 | *Polygonum hydropiper* |
| 灯芯草科 | 灯芯草 | *Juncus effusus* |
| 伞形科 | 水芹 | *Oenanthe javanica* |
| 母草科 | 母草 | *Lindernia crustacea* |
| 苋科 | 喜旱莲子草 | *Alternanthera philoxeroides* |
| 泽泻科 | 慈姑 | *Sagittaria sagittifolia* |
| | 矮慈姑 | *Sagittaria pygmaea* |
| 雨久花科 | 鸭舌草 | *Monochoria vaginalis* |
| | 凤眼蓝 | *Eichhornia crassipes* |
| 水鳖科 | 轮叶黑藻 | *Hydrilla verticillata* |
| | 苦草 | *Vallisneria natans* |
| | 水鳖 | *Hydrocharis dubia* |
| | 伊乐藻 | *Elodea nuttallii* |
| | 大茨藻 | *Najas marina* |
| | 小茨藻 | *Najas minor* |
| 槐叶蘋科 | 槐叶蘋 | *Salvinia natans* |
| | 满江红 | *Azolla imbricata* |
| 蘋科 | 蘋 | *Marsilea quadrifolia* |
| 睡莲科 | 睡莲 | *Nymphaea tetragona* |
| | 芡实(芡) | *Euryale ferox* |
| 莲科 | 莲 | *Nelumbo nucifera* |
| 菱科 | 菱 | *Trapa* spp. |
| 睡菜科 | 荇菜 | *Nymphoides peltata* |
| 眼子菜科 | 鸡冠眼子菜 | *Potamogeton cristatus* |
| | 竹叶眼子菜 | *Potamogeton malaianus* |
| | 菹草 | *Potamogeton crispus* |
| | 篦齿眼子菜 | *Potamogeton pectinatus* |
| | 黄丝草(微齿眼子菜) | *Potamogeton maackianus* |

| 科 | 中文名 | 拉丁学名 |
|---|---|---|
| 金鱼藻科 | 金鱼藻 | *Ceratophyllum demersum* |
| 小二仙草科 | 聚草 | *Myriophyllum spicatum* |
| | 狐尾藻 | *Myriophyllum verticillatum* |

2000—2010 年间,溏湖的水生植物优势类群发生了显著变化。21 世纪初,溏湖的水生植物迅速衰退,常见的种类约为 8 种,优势种仍以聚草为主,同时分布有伊乐藻和金鱼藻。2004—2005 年,全湖仅有菹草、苦草、轮叶黑藻等少数种类,优势种为菱和喜旱莲子草[1],优势类别逐渐由沉水植物转向其他类型。2007 年,溏湖沉水植物主要为点状分布的马来眼子菜和菹草以及少量的苦草、轮叶黑藻、金鱼藻和大茨藻[1]。2009 年,全湖沉水植物仅剩金鱼藻、菹草、狐尾藻、马来眼子菜、黑藻和苦草[3],沉水植物优势种由清水型逐渐演替为耐富营养型。水生植物的演替特征显示,此时溏湖已进入退化的转折期,湖泊富营养化进程加快,逐渐从清水态向浊水态转换。2016 年调查显示,溏湖水生植物优势种为芦苇和菰[4],此后的多次调查中,芦苇和菰均为水生植物的优势种。溏湖大型水生植物优势种演替过程如表 6-2 所示。

表 6-2　溏湖大型水生植物优势种演替过程

| 年份 | 物种数 | 优势种 | 来源 |
|---|---|---|---|
| 20 世纪 70 年代 | — | 马来眼子菜 | 《江苏湖泊志》[5] |
| 20 世纪 80 年代 | — | 轮藻、菹草、马来眼子菜 | 陶花 等人[3] |
| 20 世纪 90 年代 | 44 种 | 黄丝草 | 周刚[6] |
| 2000 | 常见 8 种 | 聚草 | 高亚岳 等人[1] |
| 2005 | 常见 3 种 | 菱、喜旱莲子草 | 高亚岳 等人[1] |
| 2007 | — | 马来眼子菜、菹草 | 高亚岳 等人[1] |
| 2009 | — | 金鱼藻、菹草、狐尾藻 | 陶花 等人[3] |
| 2013—2016 | 19 种 | 芦苇、菰、莲 | 未发表数据 |
| 2017—2020 | 16 种 | 芦苇、菰 | 未发表数据 |

注:"—"表示无数据。

### 6.1.2　覆盖度与空间分布格局

#### 1. 沉水植物覆盖度变化

滆湖曾是典型的浅水草型湖泊,沉水植物分布广泛,覆盖度呈南高北低的格局。滆湖沉水植物覆盖度变化情况如图 6-1 所示。根据历史调查结果,1986 年覆盖度为 87.5%[1];1990 年,除围网养殖水域外,覆盖度接近 100%;1993—1994 年覆盖度为 93%～95%[2]。1999—2004 年,湖区沉水植物受到藻类迅速繁殖的影响,覆盖面积每年以约 10% 的速度递减,至 2004 年,滆湖水生植物覆盖度约为 40%。2006 年,只有大洪港东岸湖区还有片状分布,覆盖度不足全湖面积的 2%;至 2007 年 10 月,成片的沉水植物已消失,仅有少量呈点状分布[1]。2009 年滆湖沉水植物调查显示,滆湖南部湖区的沉水植物大部分已消失,优势种为点状分布的苦草,中部湖区为点状分布的狐尾藻及马来眼子菜,北部为片状分布的金鱼藻,在金鱼藻的分布区域可见少量的菹草、黑藻、苦草和马来眼子菜,水生植物总覆盖度不足全湖面积的 1%[3]。2016 年后,滆湖沉水植物近乎消失,水生植物为分布于沿岸的挺水植物,覆盖度不足全湖面积的 1%[7]。2017 年调查发现,湖心区除了在部分围网附近有少量菱和极少量的荇菜出现外,基本属于藻类占优势的无水草区。2018—2020 年调查显示,水生植物均主要分布于沿岸,多以不连续的带状及斑块状分布,浮叶植物菱常镶嵌分布于芦苇和菰群落之中。

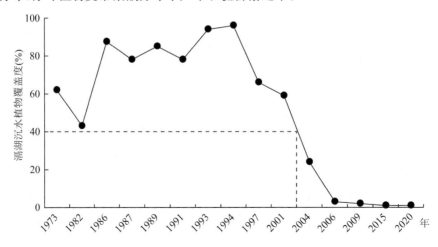

**图 6-1　滆湖沉水植物覆盖度变化情况**

### 2. 水生植物分布演变及环境效应

在历史上,滆湖水生植物覆盖全湖,资源十分丰富。2000 年前后,水生植物资源严重匮乏。"十一五"期间,滆湖实施了湖滨带生态修复示范,对比发现恢复后的湖滨带湿地植物单位面积生物量增加了 37%～60%,较好地起到了拦截入湖河道面源污染的作用,修复后植物生物量提升近 2 $kg/m^2$[8]。同时,通过开展流域综合治理措施,对滆湖及周边的入湖河流实施了控源截污与生态修复,取得了良好成效,滆湖南部湖滨带的水生植物覆盖度较高,夏季水生植物覆盖度显著高于春季。

水生植物对维持湖泊生态系统清水态具有重要作用,Xu 等人基于长序列水生植物遥感解译与水质监测数据,分析了滆湖水生植物面积变化与主要水质指标的关系[9]。结果表明,水体透明度与水生植物覆盖面积正相关,而总氮、总磷与水体植物覆盖面积负相关(图 6-2)。由于人类活动和其他外部因素的影响,1984 年至 2004 年,滆湖水生植物逐年减少,水体透明度总体呈现下降趋势,其中 2006 年下降幅度最大,此后水体透明度一直在较低水平波动。2004 年之后,湖泊 TN 和 TP 浓度维持在较高水平,且波动剧烈,水生植物的缺乏可能是其波动变化的重要原因之一,另外,水生植物的人工种植及后续恢复过程中产生的植物碎屑会成为新的营养来源[10-11]。

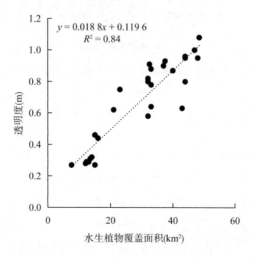

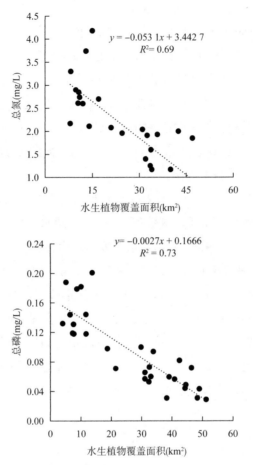

图 6-2　滆湖水生植物覆盖度演变与水质变化的关系（修改自 Xu[9]）

## 6.1.3　水生植物生物量

滆湖水生植物在历史上以沉水植物为主,后期逐渐形成以芦苇、菰等挺水植物为主的格局[1, 7]。1986—1990 年,滆湖沉水植物年均生物量为 46.1 万 t,其中,1990 年为 87.0 万 t,1993 年为 58.98 万 t,1994 年为 59.52 万 t。到 2004 年,生物量为 4.6 万 t,仅为 1994 年的 7.7％。2006 年生物量不到 0.7 万 t,仅为 1994 年的 1.2％。2009 年 10 月生物量仅有 0.15 万 t,为 1994 年的 0.25％,水生植物严重衰退[2-3],此后水生植物生物量一直保持在较低水平。滆湖沉水植物生物量年际变化如图 6-3 所示。

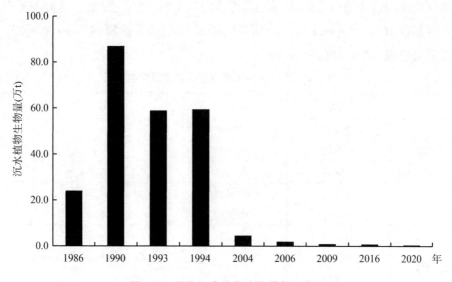

图6-3  潟湖沉水植物生物量年际变化

## 6.2  浮游植物群落演变

### 6.2.1  浮游植物群落现状

1. 浮游植物种类组成与优势种

根据2017—2021年监测结果,五年来潟湖浮游植物物种数波动变化,主要是绿藻门和硅藻门分类单元数减少,群落结构为"绿藻＋蓝藻＋硅藻"型。主要优势种属为平裂藻属(*Merismopedia* sp.)、微囊藻属(*Microcystis* sp.)和小环藻属(*Cyclotella* sp.)等(表6-3);到2021年优势种主要为蓝藻门,微囊藻和细小平裂藻(*Merismopedia tenuissima*)占比较高,为典型富营养指示种。

从不同年份来看,2017年潟湖浮游植物发现6门106种,其中绿藻门54种,硅藻门24种,蓝藻门11种,裸藻门11种,甲藻门和隐藻门各3种。优势种属为小环藻属、平裂藻属、颤藻属(*Oscillatoria* sp.)、微囊藻属、席藻属(*Phormidium* sp.)和直链藻属(*Melosira* sp.)。

2018年潟湖浮游植物发现7门74种,其中绿藻门31种,硅藻门15种,

蓝藻门 13 种,裸藻门 5 种,甲藻门和隐藻门各 4 种,金藻门 2 种。优势种属为
衣藻属(*Chlamydomonas* sp.)、颤藻属、微囊藻属、鱼腥藻属(*Anabaena* sp.)、
颗粒直链藻(*Melosira granulata*)。

表 6-3　2017—2021 年浮游植物主要优势种

| 年份 | 门类 | 种名 | 拉丁学名 |
|---|---|---|---|
| 2017 | 蓝藻门 | 平裂藻属 | *Merismopedia* sp. |
| | 硅藻门 | 直链藻属 | *Melosira* sp. |
| | 硅藻门 | 小环藻属 | *Cyclotella* sp. |
| 2018 | 蓝藻门 | 微囊藻属 | *Microcystis* sp. |
| | 蓝藻门 | 鱼腥藻属 | *Anabaena* sp. |
| 2019 | 硅藻门 | 小环藻属 | *Cyclotella* sp. |
| | 蓝藻门 | 细小平裂藻 | *Merismopedia tenuissima* |
| | 蓝藻门 | 铜绿微囊藻 | *Microcystis aeruginosa* |
| | 蓝藻门 | 惠氏微囊藻 | *Microystis wesenbergii* |
| 2020 | 蓝藻门 | 鱼腥藻属 | *Anabaena* sp. |
| | 蓝藻门 | 束丝藻属 | *Aphanizomenon* sp. |
| | 蓝藻门 | 微囊藻属 | *Microcystis* spp. |
| 2021 | 蓝藻门 | 微囊藻属 | *Microcystis* spp. |
| | 蓝藻门 | 细小平裂藻 | *Merismopedia tenuissima* |

2019 年涡湖浮游植物发现 7 门 113 种,其中绿藻门 57 种,硅藻门
27 种,蓝藻门 14 种,甲藻门 4 种,金藻门 1 种,裸藻门 8 种,隐藻门 2 种。
优势种属为小环藻属、颗粒直链藻、针杆藻属(*Synedra* sp.)、四尾栅藻
(*Scenedesmus quadricauda*)、丝状绿藻属(*Ulothrix* sp.)、衣藻属、细小平
裂藻、微囊藻属、小颤藻(*Oscillatoria tenuis*)、铜绿微囊藻(*Microcystis
aeruginosa*)、惠氏微囊藻(*Microystis wesenbergii*)和固氮鱼腥藻(*Anabae-
na azotica*)。

2020 年涡湖浮游植物发现 6 门 76 种,其中绿藻门 38 种,硅藻门
14 种,蓝藻门 17 种,裸藻门 3 种,甲藻门和隐藻门各 2 种。优势种属主要
有微囊藻属、鱼腥藻属、束丝藻属(*Aphanizomenon* sp.)、伪鱼腥藻属
(*Pseudanabaena* sp.)、小环藻属、二角盘星藻属(*Pediastrum duplex*)、丝
状绿藻属和颗粒直链藻。

2021 年涡湖浮游植物发现 6 门 56 种,其中绿藻门 30 种,硅藻门 11 种,蓝藻门 8 种,甲藻门和隐藻门各 3 种,裸藻门 1 种。优势种属主要为微囊藻属、小环藻属、菱形藻属(*Nitzschia* sp.)、丝状绿藻属、细小平裂藻和伪鱼腥藻属。涡湖 2017—2021 年浮游植物物种数如图 6-4 所示。

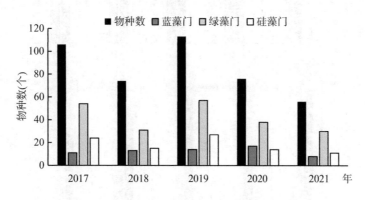

**图 6-4　涡湖 2017—2021 年浮游植物物种数**

### 2. 浮游植物密度和生物量

2017—2021 年涡湖浮游植物密度分别为 4 702.7 万个/L、2 666.8 万个/L、3 061.5 万个/L、4 418.2 万个/L 和 3 420.9 万个/L。蓝藻门密度占比依次为 40.76%、70.87%、75.45%、88.65% 和 90.78%,占主导地位。硅藻门密度占比依次为 52.33%、18.82%、13.03%、2.54% 和 5.67%,占比呈降低趋势。绿藻门密度占比在 2.75%～10.56% 之间。

2017—2021 年涡湖浮游植物生物量分别为 10.86 mg/L、4.96 mg/L、10.50 mg/L、9.31 mg/L 和 6.81 mg/L。蓝藻门生物量占比均值为 33.44%,硅藻门生物量占比均值为 50.31%,绿藻门生物量占比均值为 10.59%。蓝藻门生物量占比呈上升趋势,硅藻门生物量占比呈下降趋势。

2017—2021 年,蓝藻密度占比从 2017 年的 40.76% 增加到 2021 年的 90.78%,硅藻和绿藻密度占比下降。而蓝藻平均生物量占比低于硅藻,可能与水体中的优势蓝藻为微囊藻、平裂藻、色球藻等小型个体有关。浮游植物密度近五年均值为 3 654.0 万个/L,生物量均值为 8.49 mg/L。浮游植物密度和生物量评价结果表明涡湖达到富营养水平[12]。涡湖 2017—2021 年浮游植物密度和生物量如图 6-5 所示。

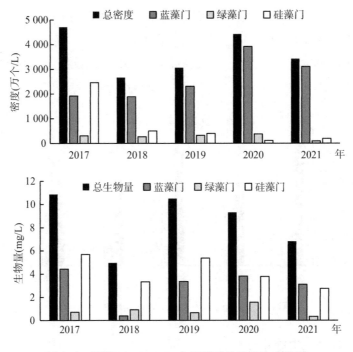

图 6-5　滆湖 2017—2021 年浮游植物密度和生物量

### 3. 浮游植物群落多样性

2019 年 Shannon-Wiener 多样性指数和 Margalef 丰富度指数最高,分别为 2.39、5.89,2021 年较低,分别为 1.00 和 1.48。2018 年和 2019 年 Pielou 均匀度指数较高,分别为 0.69、0.63,2017 年、2020 年、2021 年较低,分别为 0.32、0.30、0.30。滆湖 2017—2021 年浮游植物群落多样性如图 6-6 所示。

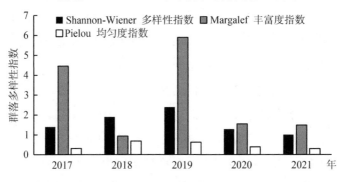

图 6-6　滆湖 2017—2021 年浮游植物群落多样性

### 6.2.2　浮游植物历史演变

**1. 浮游植物种类组成与优势种**

《中国湖泊志》中记载漏湖在 1985 年有浮游植物 5 门 67 属 115 种,其中绿藻门 29 属 58 种,硅藻门 21 属 36 种,蓝藻门 12 属 16 种,甲藻门和裸藻门共 5 属 5 种。优势种有绿藻门的小球藻(*Chlorella vulgaris*)、纤维藻(*Ankistrodesmus* sp.);硅藻门的舟形藻(*Navicula* spp.)、针杆藻、桥弯藻(*Cymbella* spp.)、直链藻;蓝藻门的微胞藻、裂面藻、颤藻和项圈藻等[13]。

1992—1994 年浮游植物发现 8 门 100 属 132 种,其中硅藻门 26 属,蓝藻门 12 属,裸藻门 6 属,绿藻门 41 属,隐藻门 4 属,甲藻门 3 属,金藻门 5 属,黄藻门 3 属[14]。常见及优势属种主要有:硅藻门中的新月菱形藻(*Nitzschia closterium*)、舟形藻、桥弯藻、小环藻;蓝藻门的微囊藻、色球藻(*Chroococcus* sp.)、蓝纤维藻(*Dactylococcopsis* sp.);绿藻门的衣藻等;隐藻门的卵形隐藻(*Cryptomonas ovata*);金藻门的钟罩藻等。

陈立婧等人于 2004—2006 年发现浮游植物共 8 门 147 属 267 种,年平均121 种[15]。绿藻种类最多,其次是硅藻和蓝藻;优势种主要是铜绿微囊藻、不定微囊藻、点状平裂藻、微小平裂藻、线形棒条藻(*Rhabdoderma lineare*)和空星藻(*Coelastrum* sp.)。

张永红等人于 2013—2014 年发现浮游植物 7 门 80 属 158 种,优势种为不定微囊藻、微囊藻属、细小平裂藻、点状平裂藻、辐球藻、四尾栅藻、双对栅藻和四星藻属(*Tetrastrum* sp.)等[16]。2017—2021 年浮游植物平均物种数为 85 种,主要优势种属为平裂藻属、微囊藻属和小环藻属等。1985—2021 年漏湖浮游植物物种数变化如图 6-7 所示。

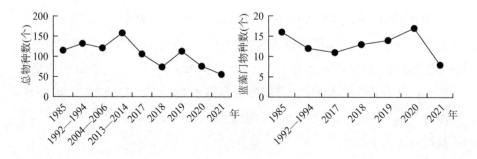

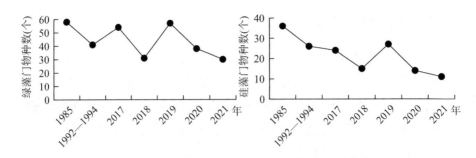

图 6-7　1985—2021 年滆湖浮游植物物种数变化

综合滆湖近 30 年的浮游植物数据来看,其群落结构以"绿藻＋蓝藻＋硅藻"为主,浮游植物的物种数在 1985—2014 年有所上升,2014 年后缓慢降低,主要是绿藻门和硅藻门分类单元数减少,蓝藻门波动不大。优势种由蓝藻门、绿藻门和硅藻门为主演变为蓝藻类群占据主要优势。

2. 浮游植物密度和生物量

《中国湖泊志》中记载,1985 年滆湖浮游植物平均密度 37.2 万个/L;其中蓝藻 20.9 万个/L,绿藻 9.8 万个/L,硅藻 1.8 万个/L。夏季高温季节,有蓝藻"水华"形成[13]。

1992—1994 年滆湖浮游植物平均密度为 114.5 万个/L,平均生物量为 0.96 mg/L。1992 年年均密度为 121.9 万个/L,年均生物量为 0.86 mg/L;1993 年年均密度为 118.5 万个/L,年均生物量为 1.01 mg/L;1994 年密度均值为 102.9 万个/L,年均生物量为 0.10 mg/L。这个阶段滆湖由于水草丛生,硅藻中有不少着生性种类较为常见,如桥弯藻、新月菱形藻、舟形藻等[14]。1993 年后小型硅藻开始占据优势,也造成了硅藻生物量下降,蓝藻门的种类出现频率增加。

2004—2006 年浮游植物密度年平均值为 4 871.1 万个/L,生物量年平均值为 7.30 mg/L。全年浮游植物密度均以蓝藻占绝对优势。2013—2014 年滆湖浮游植物密度年均值为 4 359.2±2 574.4 万个/L,生物量年均值为 7.67±7.71 mg/L。浮游植物密度中蓝藻门占 68.13%,绿藻门占 25.99%,硅藻门占 5.53%。2017—2021 年浮游植物平均密度达到 3 654.0 万个/L,生物量均值为 8.49 mg/L。

1998年前滆湖是典型的浅水草型湖泊,水产研究列入"七五""八五"国家科技攻关项目,滆湖相关渔业科研成果获国家科技进步二等奖。尽管其水质属中富营养,但全湖水草丛生,水生植被覆盖度最高达到95%以上,有效控制了水中氮、磷浓度,并且抑制了藻类的生长,大大减缓了水体富营养化的进程[17]。

1999年,由于6—7月苏南地区连降暴雨,湖泊水位迅速上升,高水位下沉水植物的死亡、腐烂[18],加上外源和内源有机物污染致使滆湖水草资源严重衰退,湖泊自净能力减弱。此外,周边乡镇企业发展和人口快速增长,大量工业废水和生活污水经周边河流进入湖体,加之围网养殖面积的增加,致使滆湖水质开始恶化。水体氮、磷等营养物质的负荷快速增加,随着水生植物尤其是沉水植物的快速消亡,浮游植物密度急剧上升,滆湖从"草型湖泊"转变为"藻型湖泊"[19]。

20世纪90年代后滆湖浮游植物密度增加明显,蓝藻门成为滆湖浮游植物的主要优势类群,近五年浮游植物密度约是90年代的50倍,生物量仅是90年代的10倍。水体中的优势蓝藻为微囊藻、平裂藻、色球藻等小型个体,微型蓝藻增多。各门藻类的密度和生物量占比也发生了较大变化,具体表现为蓝藻门占比持续上升,硅藻门和绿藻门占比降低。1985—2021年滆湖浮游植物密度和生物量变化如图6-8所示。

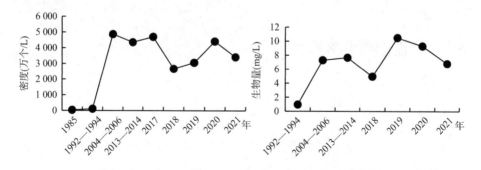

**图 6-8　1985—2021 年滆湖浮游植物密度和生物量变化**

### 3. 浮游植物群落多样性

2004—2006年浮游植物的 Shannon-Wiener 多样性指数相差较大,范围为 0.83~3.04,平均值为 2.16。Margalef 丰富度指数范围为 0.66~4.02,平

均值为 2.21。Pielou 均匀度指数范围为 0.23～0.85,平均值为 0.60。2013—2014 年浮游植物的 Shannon-Wiener 多样性指数年均值为 2.46±0.40;Pielou 均匀度指数为 0.66±0.11;Margalef 丰富度指数为 2.40±0.48。2017—2021 年浮游植物的 Shannon-Wiener 多样性指数年均值为 1.59;Margalef 丰富度指数均值为 2.86;Pielou 均匀度指数均值为 0.47。Shannon-Wiener 多样性指数和 Pielou 均匀度指数波动并不明显,Margalef 丰富度指数在 2017 年和 2019 年较高。2004—2021 年涡湖浮游植物群落多样性变化如图 6-9 所示。

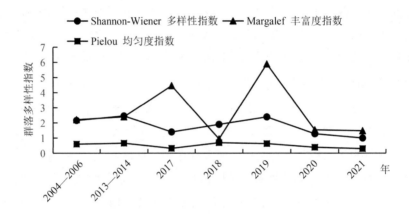

图 6-9　2004—2021 年涡湖浮游植物群落多样性变化

## 6.3　浮游动物群落演变

### 6.3.1　浮游动物种类组成与优势种

1986—2020 年涡湖浮游动物的物种数有所减少,不同阶段涡湖常见的浮游动物种类均属普生类。据《中国湖泊志》记载,1986 年 6 月至 1990 年 6 月监测发现浮游动物 55 属 104 种,其中轮虫 33 属 66 种,枝角类 15 属 25 种,桡足类 7 属 13 种[13]。优势种为角突臂尾轮虫(*Brachionus angularis*)、壶状臂尾轮虫(*Brachionus urceus*)、矩形龟甲轮虫(*Keratella quadrata*)、前节晶囊轮虫(*Asplanchna priodonta*)、针簇多肢轮虫(*Polyarthra trigla*)、迈氏三肢轮虫（*Filinia maior*）、晶莹仙达溞（*Sida crystallina*）、简弧象鼻溞（*Bosmina coregoni*）、长肢秀体溞（*Diaphanosoma leuchtenbergianum*）、汤匙华哲水蚤（*Sinocalanus dorrii*）等。

陈立婧等人在 2004 年至 2006 年监测发现轮虫 69 种，其中污染指示轮虫 39 种；优势种为萼花臂尾轮虫（*Brachionus calyciflorus*）、前节晶囊轮虫、针簇多肢轮虫、长三肢轮虫（*Filinia longiseta*）和裂足臂尾轮虫（*Brachionus diversicornis*）[20]。2009 年滆湖发现后生浮游动物 100 种，其中轮虫 25 属 52 种，枝角类 12 属 21 种，桡足类 14 属 27 种[21]；优势种为萼花臂尾轮虫、角突臂尾轮虫、针簇多肢轮虫、桡足幼体（*Cyclopoida larvae*）和长额象鼻溞（*Bosmina longirostris*）。

2012—2013 年监测发现浮游动物共 53 种，其中轮虫 38 种，枝角类 9 种，桡足类 6 种[22]。轮虫优势种为萼花臂尾轮虫、长三肢轮虫、角突臂尾轮虫、矩形龟甲轮虫和螺形龟甲轮虫。2015 年监测到浮游动物共 60 种，其中轮虫 36 种，枝角类 15 种，桡足类 9 种。2016 年全年监测发现浮游动物共 60 种（包括无节幼体和桡足幼体），其中轮虫 35 种，枝角类 15 种，桡足类 10 种[23]。优势类群中轮虫优势种主要有螺形龟甲轮虫（*Keratella cochlearis*）、曲腿龟甲轮虫（*Keratella valga*）、角突臂尾轮虫、萼花臂尾轮虫、暗小异尾轮虫（*Trichocerca pusilla*）、长三肢轮虫、针簇多肢轮虫、长肢多肢轮虫；枝角类优势种主要有简弧象鼻溞、微型裸腹溞（*Moina micrura*）、角突网纹溞（*Ceriodaphnia cornuta*）；桡足类优势种有广布中剑水蚤（*Mesocyclops leuckarti*）、近邻剑水蚤（*Cyclops vicinus*）、汤匙华哲水蚤、无节幼体和桡足幼体。

2020 年滆湖监测发现浮游动物共 63 种，其中轮虫 40 种，枝角类 15 种，桡足类 8 种。优势种有萼花臂尾轮虫、前节晶囊轮虫、针簇多肢轮虫、长三肢轮虫、角突臂尾轮虫、螺形龟甲轮虫、暗小异尾轮虫、简弧象鼻溞、角突网纹溞、无节幼体和桡足幼体。

1986—2009 年调查发现的浮游动物物种数较为丰富，2012—2020 年物种数总体维持在约 60 种。臂尾轮虫、多肢轮虫、象鼻溞属、裸腹溞、无节幼体和桡足幼体等在滆湖广泛分布且在历年来占据着一定优势。臂尾轮虫、多肢轮虫经常出现在富营养水体中，优势类群也呈现减少的趋势，这些富营养指示种表示滆湖水体长期以来存在着富营养化问题[24]。

1986—2020 年滆湖浮游动物物种数变化如图 6-10 所示。

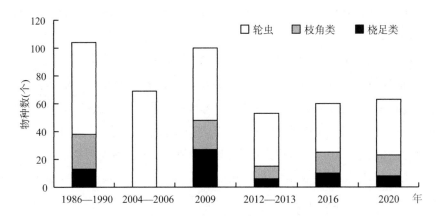

**图 6-10　1986—2020 年滆湖浮游动物物种数变化**

1986—2020 年滆湖浮游动物优势种变化如表 6-4 所示。

**表 6-4　1986—2020 年滆湖浮游动物优势种变化**

| 物种 | 1986—1990 | 2004—2006 | 2009 | 2012—2013 | 2016 | 2020 |
|---|---|---|---|---|---|---|
| 萼花臂尾轮虫 (*Brachionus calyciflorus*) | | √ | √ | √ | √ | √ |
| 前节晶囊轮虫 (*Asplanchna priodonta*) | √ | √ | | | | √ |
| 针簇多肢轮虫 (*Polyarthra trigla*) | √ | √ | √ | | √ | √ |
| 长三肢轮虫 (*Filinia longiseta*) | | √ | | √ | √ | √ |
| 迈氏三肢轮虫 (*Filinia maior*) | √ | | | | | |
| 裂足臂尾轮虫 (*Brachionus diversicornis*) | | √ | | | | |
| 壶状臂尾轮虫 (*Brachionus urceus*) | √ | | | | | |
| 角突臂尾轮虫 (*Brachionus angularis*) | √ | | √ | √ | √ | √ |
| 矩形龟甲轮虫 (*Keratella quadrata*) | √ | | | √ | | |
| 螺形龟甲轮虫 (*Keratella cochlearis*) | | | | √ | √ | √ |
| 曲腿龟甲轮虫 (*Keratella valga*) | | | | | √ | |

续表

| 物种 | 1986—1990 | 2004—2006 | 2009 | 2012—2013 | 2016 | 2020 |
|---|---|---|---|---|---|---|
| 暗小异尾轮虫（*Trichocerca pusilla*） | | | | | √ | √ |
| 长额象鼻溞（*Bosmina longirostris*） | | | √ | | | |
| 简弧象鼻溞（*Bosmina coregoni*） | √ | | | | √ | √ |
| 晶莹仙达溞（*Sida crystallina*） | √ | | | | | |
| 微型裸腹溞（*Moina micrura*） | | | | | √ | |
| 角突网纹溞（*Ceriodaphnia cornuta*） | | | | | √ | √ |
| 长肢秀体溞（*Diaphanosoma leuchtenbergianum*） | √ | | | | | |
| 无节幼体（*Nauplius*） | | | | | √ | √ |
| 桡足幼体 | | | √ | | √ | √ |
| 广布中剑水蚤（*Mesocyclops leuckarti*） | | | | | √ | |
| 近邻剑水蚤（*Cyclops vicinus*） | | | | | √ | |
| 汤匙华哲水蚤（*Sinocalanus dorrii*） | √ | | | | √ | |

## 6.3.2　浮游动物密度和生物量

1986—1990 年浮游动物平均密度 287.8 ind/L,生物量 1.16 mg/L;其中轮虫密度 215.5 ind/L,生物量 0.68 mg/L;桡足类密度 70.4 ind/L,生物量 0.43 mg/L;枝角类密度 1.9 ind/L,生物量 0.05 mg/L[13]。1992—1994 年 3 个年度浮游动物的平均密度及生物量分别为 185.0 ind/L 和 0.99 mg/L、124.1 ind/L 和 0.67 mg/L 以及 161.1 ind/L 和 0.85 mg/L,生物量均在 1.0 mg/L 以下,3 年平均密度为 156.7 ind/L,平均生物量为 0.84 mg/L[25]。

2004—2006 年轮虫密度年平均值为 1 584.0 ind/L,生物量年平均值为 5.98 mg/L。2009 年浮游动物年均密度为 1 572.0 ind/L,轮虫密度占后生浮游动物总密度的 98.7%,后生浮游动物密度以春季为最高,年均生物量为 2.34 mg/L,生物量以夏季为最高。与 2004—2006 年相比,2009 年轮虫的密度略微减少,生物量下降明显。

2012—2013 年浮游动物的总密度年平均值为 1 993.5 ind/L,生物量年平均值为 10.42 mg/L。浮游动物密度和生物量显著增加,其中轮虫密度和生物量是增长的主要类群,其次为枝角类,桡足类生物量持续降低。

2015—2017 年滆湖浮游动物密度和生物量变化不大,密度均值为 1 979.0 ind/L,生物量均值为 4.64 mg/L[23]。2018—2019 年滆湖浮游动物密度均值为 1 815.0 ind/L,生物量均值为 4.61 mg/L。较 2015—2017 年其轮虫密度和生物量降低,枝角类、桡足类密度和生物量增加。2020 年滆湖浮游动物密度为 1 515.7 ind/L,生物量为 4.40 mg/L。轮虫和桡足类密度都有所下降,枝角类密度上升。而轮虫生物量持续降低,降为 1.48 mg/L,枝角类生物量增加为 2.47 mg/L,桡足类生物量为 0.45 mg/L。2012—2020 年滆湖浮游动物密度和生物量变化如图 6-11 所示。

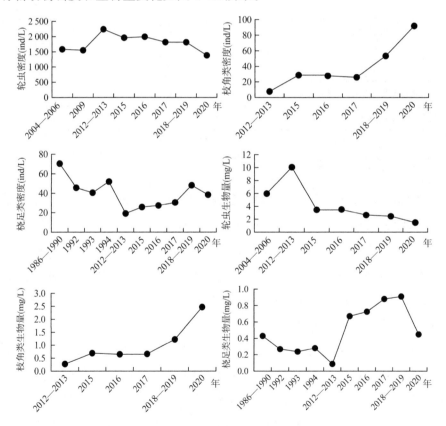

**图 6-11　2012—2020 年滆湖浮游动物密度和生物量变化**

漏湖浮游动物的密度和生物量主要由轮虫组成,枝角类和桡足类占比较少;其总密度变化对于整个漏湖浮游动物的总密度影响不大。轮虫密度和生物量 2004—2013 年呈上升趋势,2013 年后呈现波动的缓慢下降趋势。枝角类密度和生物量总体呈现上升趋势。桡足类密度和生物量在漏湖占比较低,其密度在 19～70 ind/L 范围内波动,生物量在 1986—2013 年缓慢下降,2013—2019 年呈上升趋势,2020 年有所下降。漏湖中枝角类和桡足类的密度变化符合一般规律,桡足类的密度变化较缓慢且不如枝角类那么剧烈,因为桡足类的生活史较枝角类更复杂,生活周期也长,因而其密度的周年变化也相对缓和。

### 6.3.3 浮游动物生物多样性

采用浮游动物生物多样性指数对漏湖水质进行生物学评价,结果显示,从 2004 年的轻度富营养状态到 2021 年轻度—中度富营养状态,其生物多样性下降。2004 年至 2006 年漏湖轮虫的 Shannon-Wiener 多样性指数介于0.29～2.31;Margalef 丰富度指数介于 0.25～0.91,Pielou 均匀度指数介于0.37～1.00。多样性评价显示漏湖达到富营养水平。2009 年浮游动物Shannon-Wiener 多样性指数、Margalef 丰富度指数和 Pielou 均匀度指数值表明漏湖水体处于轻中污染状态。2013 年漏湖轮虫 Shannon-Wiener 多样性指数范围为 0～2.36;轮虫 Margalef 指数的变化范围为 0～2.00。2021 年漏湖浮游动物群落的 Shannon-Wiener 多样性指数分布在 1.28～1.86 之间,均值为 1.51;Pielou 均匀度指数分布在 0.65～0.85 之间,均值为 0.73。

## 6.4 底栖动物群落演变

### 6.4.1 底栖动物物种演变

1992—2022 年,漏湖底栖动物的种类数发生较大变化(图 6-12)。根据1992—1994 年调查结果,共发现底栖动物 47 种,其中环节动物 6 种,软体动物 24 种,节肢动物 17 种,螺类、蚬类、水蚯蚓、摇蚊幼虫为主要优势种类[26]。2002 年 4 月至 2003 年 1 月,刘其根等人对漏湖底栖动物进行调查,共发现底栖动物 31 种。其中软体动物 14 种,占 45.16%;淡水寡毛类 6 种,占 19.35%;水生昆虫 7 种,占 22.58%;水蛭 4 种,占 12.90%,主要优势种为梨形环棱螺和羽摇蚊[27]。

2009 年 5 月至 2010 年 2 月,滆湖底栖动物共采集到底栖动物 35 种,隶属于 3 门 25 属,其中环节动物 7 属 10 种,软体动物 7 属 9 种,节肢动物 11 属 16 种,分别占总物种数的 28.6%、25.7%、45.7%,优势种类为中国长足摇蚊、霍甫水丝蚓、苏氏尾鳃蚓、克拉泊水丝蚓、中华河蚓[28]。

2011—2022 年,每年开展两次底栖动物调查,为降低采样频次和点位不同对结果可比性的影响,以 3 年为一组分四个阶段进行分析(图 6-12、表 6-5)。2011—2013 年,共发现底栖动物 23 种,其中环节动物 5 种,软体动物 6 种,节肢动物 12 种,分别占总物种数的 21.7%、26.1% 和 52.2%,主要优势种为霍甫水丝蚓、铜锈环棱螺、多巴小摇蚊;2014—2016 年,共发现底栖动物 11 种,其中环节动物 3 种,软体动物 2 种,节肢动物 6 种,分别占总物种数的 27.3%、18.2% 和 54.5%,主要优势种为多巴小摇蚊、红裸须摇蚊、苏氏尾鳃蚓。2017—2019 年,共发现底栖动物 9 种,其中环节动物 3 种,软体动物 1 种,节肢动物 5 种,分别占总物种数的 33.3%、11.1% 和 55.6%,主要优势种为霍甫水丝蚓、多巴小摇蚊、红裸须摇蚊。2020—2022 年,共发现底栖动物

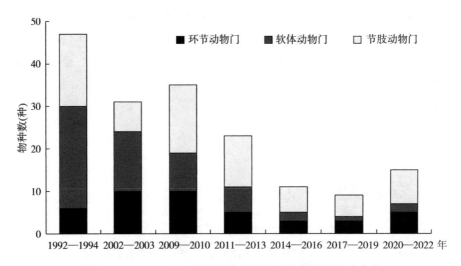

图 6-12　1992—2022 年滆湖底栖动物物种数及其组成变化

15 种,其中环节动物 5 种,软体动物 2 种,节肢动物 8 种,分别占总物种数的 33.3％、13.3％和 53.3％,主要优势种为霍甫水丝蚓、前突摇蚊属、多巴小摇蚊。2011—2022 年各阶段采集到的底栖动物介于 9～23 种,总物种数变化波动明显,低值出现在 2017—2019 年,最高值出现在 2011—2013 年,总体状况差于 20 世纪 90 年代及 2000 年初水平。另外,2020—2022 年物种数有所回升,寡毛类优势度下降,一定程度上反映了滆湖水环境有所好转。

表 6-5    1992—2022 年滆湖底栖动物群落演变

| 年份 | 点位数 | 采样频次 | 物种数 | 优势种 |
|---|---|---|---|---|
| 1992—1994 | 12 | 4 次×3 年 | 47 | 螺类、蚬类、水蚯蚓、摇蚊幼虫 |
| 2002—2003 | 23 | 4 次 | 31 | 梨形环棱螺、羽摇蚊 |
| 2009—2010 | 17 | 4 次 | 35 | 中国长足摇蚊、霍甫水丝蚓、苏氏尾鳃蚓、克拉泊水丝蚓、中华河蚓 |
| 2011—2013 | 5 | 2 次×3 年 | 23 | 霍甫水丝蚓、铜锈环棱螺、多巴小摇蚊 |
| 2014—2016 | 5 | 2 次×3 年 | 11 | 多巴小摇蚊、红裸须摇蚊、苏氏尾鳃蚓 |
| 2017—2019 | 5 | 2 次×3 年 | 9 | 霍甫水丝蚓、多巴小摇蚊、红裸须摇蚊 |
| 2020—2022 | 5 | 2 次×2 年+1 次 | 15 | 霍甫水丝蚓、前突摇蚊属、多巴小摇蚊 |

纵观 30 多年来滆湖底栖动物群落结构的变化,其在物种数上呈现出较为明显的先降后升的趋势,在优势种上发生了明显的演替过程。总体而言,相较于 20 世纪 90 年代,2000 年以后滆湖底栖物种数出现了较大的下降,表明滆湖生境发生了较大的变化,近几年物种数出现回升。除物种数变化外,30 多年来底栖动物物种组成也发生了较大改变,最明显的是优势种的变化(表 6-5),其次是敏感种减少甚至消失(表 6-6)。20 世纪 90 年代,滆湖底栖动物中软体动物仍占据明显优势,其中螺类(主要是环棱螺)占据绝对优势,大型的双壳类种类和数量较多,适宜在清洁水体中生活的蜉蝣、蜻蜓、龙虱等水生昆虫常见[26]。2002 年,滆湖底栖动物已由 1991 年的 47 种减少至 31 种,耐污寡毛类明显增多[27]。2009 年,软体动物退化为非优势种,优势种演变为寡毛类和摇蚊幼虫[28],大型的双壳类急剧减少,软体动物小型化,适合在清洁水体中生活的物种明显减少甚至消失。2011—2022 年,各年份第一位优势种均为水丝蚓及摇蚊,原先的软体动物优势种如环棱螺已不复第一。1991—

2022 年涡湖底栖动物名录如表 6-6 所示。

表 6-6　1991—2022 年涡湖底栖动物名录

| 底栖动物 | 1991—1994 | 2002—2003 | 2009—2010 | 2011—2013 | 2014—2016 | 2017—2019 | 2020—2022 |
|---|---|---|---|---|---|---|---|
| 环节动物门（29 种） | | | | | | | |
| 寡毛纲（15 种） | | | | | | | |
| 苏氏尾鳃蚓<br>（*Branchiura sowerbyi*） | √ | √ | √ | √ | √ | √ | √ |
| 霍甫水丝蚓<br>（*Limnodrilus hoffmeisteri*） | | √ | √ | √ | √ | √ | √ |
| 中华河蚓（*Rhyacodrilus sinicus*） | | √ | √ | | | | |
| 前囊管水蚓<br>（*Aulodrilus prothecatus*） | | √ | | | | | |
| 带丝蚓属一种（*Lumbriculus* sp.） | | √ | | | | | |
| 淡水单孔蚓（*Monopylephorus* sp.） | | √ | | | | | |
| 克拉泊水丝蚓<br>（*Limnodrilus claparedeianus*） | | | √ | | | | √ |
| 巨毛水丝蚓<br>（*Limnodrilus grandisetosus*） | | | √ | √ | | | |
| 奥特开水丝蚓<br>（*Limnodrilus udekemianus*） | | | √ | | | | |
| 正颤蚓（*Tubifex tubifex*） | | | √ | | | | |
| 毛翼虫属（*Laonome* sp.） | | | √ | | | | |
| 仙女虫科一种（*Naididae* sp.） | | | | | | | √ |
| 头鳃虫（*Branchiodrilus hortensis*） | √ | | | | | | |
| 颤蚓属一种（*Tubifex* sp.） | | | | | | | √ |
| 管水蚓属一种（*Aulodrilus* sp.） | | | | √ | | | |
| 蛭纲（10 种） | | | | | | | |
| 静泽蛭（*Helobdella stagnalis*） | | | | | | | √ |
| 裸泽蛭（*Helobdella nuda*） | | | | | | | √ |
| 扁舌蛭（*Glossiphonia complanata*） | | | | √ | | | |

续表

| 底栖动物 | 1991—1994 | 2002—2003 | 2009—2010 | 2011—2013 | 2014—2016 | 2017—2019 | 2020—2022 |
|---|---|---|---|---|---|---|---|
| 舌蛭科一种(*Glossiphoniidae* sp.) | √ | √ | | | | | |
| 拟扁蛭属一种(*Hemiclepsis* sp.) | | √ | | | | | |
| 巴蛭属一种(*Barbronia* sp.) | | √ | | | | | |
| 泽蛭属一种(*Helobdella* sp.) | | √ | | | | | |
| 石蛭属一种(*Erpobdella* sp.) | √ | | | | | | |
| 宽身舌蛭(*Glossiphonia lara*) | | | √ | | | | |
| 巴蛭(*Barbronia weberi*) | | | √ | | | | |
| 多毛纲(Polychaeta)(4 种) | | | | | | | |
| 寡鳃齿吻沙蚕(*Nephtys oligobranchia*) | | | | √ | √ | √ | √ |
| 齿吻沙蚕属一种(*Nephtys* sp.) | | | | | | | √ |
| 日本刺沙蚕(*Neanthes japonica*) | √ | | | | | | √ |
| 溪沙蚕(*Namalycastis abiuma*) | | | | | | | √ |
| 软体动物门(Mollusca)(32 种) | | | | | | | |
| 腹足纲(Gastropoda)(18 种) | | | | | | | |
| 梨形环棱螺(*Bellamya purificata*) | √ | √ | √ | | √ | | |
| 铜锈环棱螺(*Bellamya aeroginosa*) | √ | √ | √ | √ | √ | √ | |
| 方形环棱螺(*Bellamya quadrata*) | √ | √ | √ | | | | |
| 环棱螺属一种(*Bellamya* sp.) | √ | | | | | | |
| 中华圆田螺(*Cipangopaludina cathayensis*) | √ | | | | | | |
| 中国圆田螺(*Cipangopaludina chinensis*) | √ | | | | | | |
| 东北田螺(*Viviparus chui*) | | | √ | | | | |
| 长角涵螺(*Alocinma longicornis*) | √ | √ | √ | | | | |
| 纹沼螺(*Parafossarulus striatulus*) | √ | √ | √ | | | | |
| 大沼螺(*Parafossarulus eximius*) | | | | √ | | | |

续表

| 底栖动物 | 1991—1994 | 2002—2003 | 2009—2010 | 2011—2013 | 2014—2016 | 2017—2019 | 2020—2022 |
|---|---|---|---|---|---|---|---|
| 光滑狭口螺（*Stenothyra glabra*） | √ | √ | | | | | |
| 方格短沟蜷<br>（*Semisulcospira cancellata*） | √ | √ | | | | | |
| 耳萝卜螺（*Radix auricularia*） | √ | √ | | | | | |
| 椭圆萝卜螺（*Radix swinhoei*） | √ | √ | √ | | | | |
| 卵萝卜螺（*Radix ovata*） | | √ | | | | | |
| 凸旋螺（*Gyraulus convexiusculus*） | | √ | | | | | |
| 半球多脉扁螺<br>（*Polypylis hemisphaerula*） | | | √ | | | | |
| 半球隔扁螺<br>（*Segmentina hemisphaerula*） | √ | | | | | | |
| 双壳纲 Bivalvia（14 种） | | | | | | | |
| 圆背角无齿蚌<br>（*Anodonta woodiana pacifica*） | √ | √ | | | | | |
| 背角无齿蚌<br>（*Anodonta woodiana woodiana*） | √ | √ | √ | | | | |
| 河无齿蚌（*Anodonta fluminea*） | √ | | | | | | |
| 蚶形无齿蚌（*Anodonta arcaeformis*） | √ | | | | | | |
| 丽蚌属一种（*Lamprotula* sp.） | √ | | | | | | |
| 剑状矛蚌（*Lanceolaria gladiola*） | √ | | | | | | |
| 短褶矛蚌（*Lanceolaria grayana*） | √ | | | | | | |
| 三角帆蚌（*Hyriopsis cumingii*） | √ | | | | | | |
| 扭蚌（*Arconaia lanceolata*） | √ | | | | | | |
| 河蚬（*Corbicula fluminea*） | | √ | | √ | | | |
| 淡水壳菜（*Limnoperna fortunei*） | √ | | | √ | | | |
| 背瘤丽蚌（*Lamprotula leai*） | | | | √ | | | |
| 中国淡水蛏（*Novaculina chinensis*） | | | | | | | √ |
| 湖球蚬（*Sphaerium lacustre*） | | | | | | | √ |

续表

| 底栖动物 | 1991—1994 | 2002—2003 | 2009—2010 | 2011—2013 | 2014—2016 | 2017—2019 | 2020—2022 |
|---|---|---|---|---|---|---|---|
| 节肢动物门(52 种) | | | | | | | |
| 昆虫纲(46 种) | | | | | | | |
| 羽摇蚊(*Chironomus plumosus*) | √ | √ | | √ | √ | √ | |
| 摇蚊属一种(*Chironomus* sp.) | √ | | √ | | | | √ |
| 背摇蚊(*Chironomus dorsalis*) | | | √ | | | | |
| 黄色羽摇蚊 (*Chironomus flaviplumus*) | | | √ | | | | √ |
| 苍白双叶摇蚊 (*Chironomus pallidivittatus*) | | | | | | | √ |
| 半折摇蚊 (*Chironomus semireductus*) | | | | √ | | | |
| 中华摇蚊(*Chironomus sinicus*) | | | √ | | | | |
| 花翅摇蚊(*Chironomus kiiensis*) | | | √ | | | | |
| 菱跗摇蚊属一种 (*Clinotanypus* sp.) | √ | √ | | | | | |
| 指突隐摇蚊 (*Cryptochironomus digitatus*) | | | | √ | √ | | |
| 隐摇蚊属一种 (*Cryptochironomus* sp.) | | | | | | | √ |
| 三带环足摇蚊 (*Cricotopus trifasciatus*) | | | √ | | | | |
| 叶二叉摇蚊 (*Dicrotendipes lobifer*) | | | | √ | | | |
| 浅白雕翅摇蚊 (*Glyptotendipes pallen*) | | | √ | | | | |
| 德永雕翅摇蚊 (*Glyptotendipes tokunagai*) | | | √ | | | | |
| 暗肩哈摇蚊 (*Harnischia fuscimana*) | | | | √ | | | |
| 软铗小摇蚊 (*Microchironomus tener*) | | | | √ | | | |

续表

| 底栖动物 | 1991—1994 | 2002—2003 | 2009—2010 | 2011—2013 | 2014—2016 | 2017—2019 | 2020—2022 |
|---|---|---|---|---|---|---|---|
| 单色拟摇蚊<br>(*Parachironomus monochromes*) | | | √ | | | | |
| 间摇蚊属一种(*Paratendipes* sp.) | | | | √ | | | √ |
| 粗腹摇蚊亚科一种(*Pelopia* sp.) | √ | √ | | | | | √ |
| 梯形多足摇蚊<br>(*Polypedilum scalaenum*) | | | | | √ | | √ |
| 小云多足摇蚊<br>(*Polypedilum nubeculosum*) | | | | | √ | | |
| 红裸须摇蚊<br>(*Propsilocerus akamusi*) | | | √ | √ | √ | √ | √ |
| 花纹前突摇蚊(*Procladius choreus*) | | √ | | | | | |
| 蚊型前突摇蚊<br>(*Procladius culiciformis*) | | | √ | | | | |
| 前突摇蚊属 A 种(*Procladius* sp. A) | √ | | | | | √ | |
| 前突摇蚊属 B 种(*Procladius* sp. B) | | | | | | | √ |
| 前突摇蚊属 C 种(*Procladius* sp. C) | | | | | | | √ |
| 流长跗摇蚊属一种<br>(*Rheotanytarsus* sp.) | √ | | | | | | |
| 中国长足摇蚊(*Tanypus chinensis*) | | | | √ | √ | √ | √ |
| 刺铗长足摇蚊<br>(*Tanypus punctipennis*) | | | | | | | √ |
| 多巴小摇蚊<br>(*Microchironomus tabarui*) | | | √ | √ | √ | √ | √ |
| 色螅科一种(*Calopterygidae* sp.) | √ | | | | | | |
| 蜓科一种(*Aeshnidae* sp.) | √ | √ | | | | | |
| 细螅属一种(*Coenagrion* sp.) | √ | √ | | | | | |
| 双翅目一种(*Diptera* sp.) | | | | | | | √ |
| 水蝇科一种(*Ephydridae* sp.) | √ | | | | | | |
| 缘斑毛伪蜻(*Epitheca marginata*) | √ | | | | | | |

| 底栖动物 | 1991—1994 | 2002—2003 | 2009—2010 | 2011—2013 | 2014—2016 | 2017—2019 | 2020—2022 |
|---|---|---|---|---|---|---|---|
| 蜉蝣目一种<br>（*Ephemeroptera* sp.） | √ | √ | | | | | |
| 春蜓属一种（*Gomphus* sp.） | √ | | | | | | |
| 扁蜉属一种（*Heptagenia* sp.） | | | √ | | | | |
| 丝螅科一种（*Lestidae* sp.） | √ | | | | | | |
| 胖龙虱属一种（*Noterus* sp.） | √ | | | | | | |
| 黄蜻（*Pantala flavescens*） | √ | | | | | | |
| 伪蜻属一种（*Somatochlora* sp.） | | | √ | | | | |
| 软甲纲（*Malacostraca*）（6 种） | | | | | | | |
| 大螯蜚属一种<br>（*Grandidierella* sp.） | | | √ | | | | |
| 日本大螯蜚<br>（*Crandidierella japonica*） | | | | | | | √ |
| 蜾蠃蜚属一种（*Corophium* sp.） | | | | | | | √ |
| 淡水钩虾（*Gammarus* sp.） | √ | | | | | | |
| 钩虾属一种（*Gammarus* sp.） | | | | √ | | | |
| 秀丽白虾<br>（*Exopalaemon modestus*） | | | | √ | | | |

## 6.4.2　底栖动物密度与生物量

30 多年来滆湖底栖动物的密度与生物量也发生了较大的变化（图 6-13）。1987—1989 年，底栖动物的密度与生物量分别为 255.6 ind/m²、84.9 g/m²，1992—1994 年分别为 188.5 ind/m²、58.9 g/m²，3 年密度和生物量有所波动，但优势种未发生变化，在此期间优势种密度占比分别为 98.8％、98.8％、94.8％，生物量占比分别为 98.8％、98.2％、98.7％，其中螺类（主要是环棱螺）密度和生物量占据绝对优势。

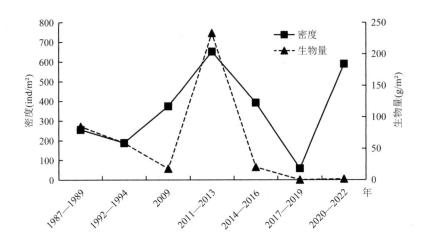

**图 6-13  1987—2022 年漏湖底栖动物密度与生物量变化**

在 2009—2010 年的四次调查中,漏湖底栖动物的年均密度为 374.1 ind/m²,其密度主要由寡毛类贡献,寡毛类的年均密度为 289.5 ind/m²,占总密度的 77.4%,优势种霍甫水丝蚓、克拉泊水丝蚓、苏氏尾鳃蚓、中华河蚓的年均密度分别为 155.1 ind/m²、82.3 ind/m²、11.7 ind/m² 和 23 ind/m²。其次为水生昆虫,年均密度为 74.8 ind/m²,占总密度的 20.0%,优势种中国长足摇蚊年均密度为 32.3 ind/m²;软体动物的年均密度为 8.5 ind/m²,占年均密度的 2.3%;寡毛类、水生昆虫、软体动物三者密度占底栖动物总密度的 99.7%;漏湖底栖动物年均生物量为 17.78 g/m²,其主要生物量由软体动物贡献,软体动物的年均生物量为 17.32 g/m²,占总生物量的 97.4%,其他类群的生物量很小。水蛭、鳃冠虫、太湖大螯蜚只在冬季出现,三者的密度和生物量都较小。

在 2011—2022 年的长期监测中,漏湖底栖动物的密度和生物量波动巨大(图 6-13)。12 年间年均密度为 423 ind/m²,最高阶段为 2011—2013 年,在此期间年均密度达 652 ind/m²,最低为 2017—2019 年阶段,仅为 58.4 ind/m²,其密度主要由优势种寡毛纲和摇蚊类主导,12 年间年均生物量为 63.8 g/m²,最高的阶段出现在 2011—2013 年,在此期间年均生物量达 233.2 g/m²,最低同样为 2017—2019 年阶段,仅为 0.17 g/m²,生物量主要由软体动物和摇蚊、水丝蚓贡献,生物量与密度的变化趋势整体一致,呈现出先上升后下降再上升的趋势。根据调查数据,2011—2015 年,软体动物生物量占比均在 80% 及以上,2016 年之后急剧下降,2020—2022 年阶段,虽然发现一定数量的软体动物,但是个体较小,生物量并没有很明显的回升,当软体动物退化为非优势种后,底栖动物年均生物量有较为明显的下降。

30 多年来溻湖密度变化与优势种变化紧密相关,不同优势种在不同时段对群落组成的贡献差别很大(图 6-14)。寡毛纲在 20 世纪 80、90 年代密度占比很低,均在 10% 左右,此后占比上升明显,2009—2010 年达到最高,为77.4%,此后四个阶段里密度占比分别为 36.1%、41.3%、38.6% 及 23.6%,寡毛纲是溻湖底栖生物中绝对的优势种类,但在近 3 年优势度有所下降。摇蚊类的占比变化同样较大,20 世纪 80 年代,摇蚊类占比达 46.4%,但在1992—2010 年间占比均在 20% 左右,优势度逐渐小于寡毛类,在 2011—2022 年间占比较高,均在 47% 及以上。软体动物为 20 世纪 80、90 年代的优势种,在 2002—2003 年阶段,仍占据着优势地位,密度占比 47.8%,但在2009—2010 年后密度占比大幅下降,除 2017—2019 年阶段达到 10% 外,其余年份均在 2% 以下。综合来看,近 10 年来,几乎每年都会出现高密度的摇蚊或水丝蚓,软体动物则一直保持低密度。

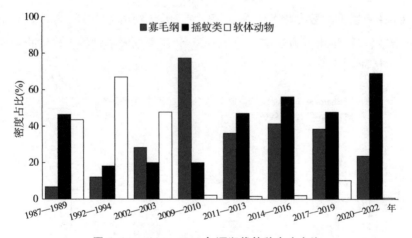

**图 6-14　1987—2022 年溻湖优势种密度占比**

30 多年来溻湖底栖动物密度变化大致可分为三个时期:经历了上升(1990—2010 年)、下降(2011—2019 年)、再上升(2020—2022 年)三个阶段。1990—2010 年溻湖底栖动物密度呈上升趋势,由 1987 年的 343 ind/m² 上升至

2011—2013 年的 652 ind/m², 2011—2019 年, 涡湖底栖动物的密度总体呈下降趋势, 相比上一阶段已下降较大水平, 降至 58.4 ind/m², 2020—2022 年, 涡湖底栖动物密度上升至 589.3 ind/m², 整体波动较大。涡湖底栖动物生物量变化范围为 0.2~233.2 g/m², 其同样呈现出先上升后下降的趋势, 与密度不同的是, 2020—2022 年生物量虽然略有回升但是趋势并不明显。类似地, 某些年份即使底栖动物密度较高, 由于缺少软体动物, 生物量不增反减, 甚至远低于其他发现软体动物的年份。

### 6.4.3 底栖动物生物多样性

对涡湖底栖动物多样性的研究始于 2002—2003 年度的调查[27], 自北向南对采样点进行 Shannon-Wiener 多样性指数和 Pielou 均匀度指数分析, 并得出涡湖底栖动物多样性除了秋季外, 均有自北向南逐渐增加的趋势。此外, 冬春季的多样性指数也普遍高于夏秋季, 均匀度指数的变化格局与多样性指数的变化大致相似。2009—2010 年, 调查的涡湖各站点的底栖动物种类数较少, Shannon-Wiener 指数变化范围为 0.66~2.33, 年均值为 1.34, 物种 Margalef 丰富度指数变化范围为 0.19~2.20, 年均值为 1.15, 同时 Pielou 均匀度指数较低, 年均值为 0.67。2011—2022 年涡湖底栖动物多样性指数变化如图 6-15 所示。

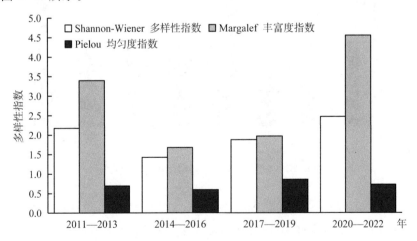

**图 6-15 2011—2022 年涡湖底栖动物多样性指数变化**

2011—2022 年,漰湖底栖动物多样性指数波动明显(图 6-15)。Shan-non-Wiener 多样性指数在 1.4～2.5 之间波动,根据水质生物学评价,所有年份均处于中度污染状态,Margalef 丰富度指数在 1.7～4.5 之间波动,Pielou 均匀度指数在 0.6～0.9 之间波动,三个指数的最低值均出现在 2014—2016 年阶段,Shannon-Wiener 指数和 Margalef 指数最高均在 2020—2022 年阶段,Pielou 均匀度指数波动总体较小,最高出现在 2017—2019 年,但 2011—2013 年及 2020—2022 年两阶段也达到了 0.7。多样性指数在 12 年间整体呈现出先下降后上升的趋势,在经历了明显的低谷后出现向好趋势,底栖动物多样性指数变化在一定程度上也反映了漰湖生境质量的变化,漰湖水生状况经历了一个先恶化后缓慢转好的趋势,目前水生态有所恢复,但相较于 20 世纪 90 年代水平还有较大差距。

### 6.4.4　底栖动物群落演变驱动因素

水域生态环境状况的空间差异及生境复杂程度决定了底栖动物群落的多样性[29-30]。近 30 年来,漰湖水域生态系统变化巨大,其水质类别从 20 世纪 80 年代的Ⅲ类下降到 2000 年以后的Ⅳ类,鱼类多样性锐减,水生植物覆盖率从 1994 年的 95% 下降到 2010 年前后的 4% 左右[31],浮游藻类的种类和现存量明显呈上升趋势,优势种主要以蓝藻和绿藻为主,已从典型的草型湖泊转变成为藻型湖泊[15],一系列剧变的生境条件导致漰湖底栖动物群落发生了巨大的变化,从 20 世纪 80 年代至今大致经历了一个先恶化再好转的周期。

20 世纪 70 年代至 80 年代,漰湖湖区逐渐发展为草型湖泊,并保持基本稳定状态到 90 年代[26],底栖动物群落也随之变化,从以蚬为主转变为螺占绝对优势,物种多样性保持在一个较高的水平,这一变化和整个湖泊变化趋势是一致的,螺类喜栖息于水生植物繁茂的生境中,以螺类(环棱螺类为主)占绝对优势也是草型湖泊的特征之一,而漰湖丰富的水生植物创造了良好的生境条件。至 2000 年初,漰湖底栖动物仍呈现此特征,但与 20 世纪 90 年代相比物种数量已大为减少,其中尤以贝类和非摇蚊的水生昆虫种类数减少最多,而寡毛类种类则已经开始增加,2009 年以后,底栖动物群落出现明显的恶化,群落多样性降低,往后近 10 年,耐污类群在整个群体中占据优势地位,高密度的摇蚊、水丝蚓成为群落特征,代替软体动物成为优势种,并导致了总密度的升高和生物量的下降,直至 2017 年前后,耐污类群优势度开始有所下降,底栖动物整体密度随之降低,物种数、多样性指数开始回升,情况出现一定好转。

滆湖底栖动物演变与大规模网围养殖发展具有紧密关系。滆湖曾是中国最早开展网围养殖的湖泊之一,承担着重要的水产养殖功能。1984 年滆湖开始网围养殖,当时面积仅占湖泊总面积的 0.1% 左右,1986 年起,围网养殖面积逐年扩大,1994 年以后达湖泊总面积的 15.8%,1997 年后进入快速发展阶段,高峰期围网养殖面积占湖泊面积比例超过 50%[27]。围网养殖对水环境的影响较大,软体动物多数都不耐污且对水质要求较高,水栖寡毛类通常耐污性较强,正是在围网养殖大规模发展的阶段,贝类种类大量减少,水栖寡毛类逐渐增加。而在围网养殖发展的同时,水生植物也受到破坏,2004 年覆盖率锐减到不足 10%,湖泊逐渐发展为藻型湖泊,也同样加重了底栖动物小型化、多样性降低、耐污类群增加的趋势,高密度的摇蚊幼虫或水丝蚓表征了滆湖富营养化加重的状况。近几年,滆湖实施了多项生态环境保护修复工程[32],水环境在一定程度上有所恢复,这也促使滆湖底栖动物群落呈现出恢复趋势。

## 6.5　鱼类群落与渔业资源演变

### 6.5.1　鱼类群落

据《江苏湖泊志》记载,20 世纪 80 年代,滆湖有鱼类 60 余种[5],渔业捕捞物种主要有刀鲚、银鱼、鲤鱼、鲫鱼、鲌、红鲌、草鱼、青鱼、鲢鱼、鳙鱼、鲂、鳊鱼、鳜、乌鳢、河鳗、鲶鱼等。此外,还有青虾、白虾、河蟹、螺、蚬、蚌等出产。自 1967 年起放养草鱼、青鱼、鲢鱼、鳙鱼、鲤鱼、鳊鱼和团头鲂等以来,上述鱼的产量逐年上升,到 20 世纪 80 年代已约占鱼、虾总产量的 40%。滆湖湖底平坦,20 世纪 80 年代水生植物茂盛。南部透明度较高,分布着苦草等沉水植物,中部和北部透明度稍低,但也有马来眼子菜等生长,适宜于鱼类栖息。鱼类的生长情况良好,投放三寸以上的草鱼当年可长到 2 斤①;四至五寸的青鱼可

---

① 1 斤＝0.5 kg

长到 3 斤;三寸左右的鲢、鳙鱼可长到 1 斤半至 2 斤。为保护渔业资源,划定了常年繁殖保护区,有效地保护了鱼类繁殖,且每年又放养大量的夏花,20 世纪 80 年代,草鱼、青鱼、鲢鱼、鳙鱼等鱼的产量随着放养数量的增加而增加[5]。

2008 年,唐晟凯等人对滆湖鱼类进行了为期一年的调查,共发现鱼类 30 种,隶属于 7 目 9 科,其中鲤形目鱼类最多,有 20 种,占比 66.7%;鲇形目鱼类 4 种,占比 13.3%;鲈形目鱼类 2 种,鲱形目、颌针鱼目、鳉形目、合鳃鱼目各有 1 种。在鱼类优势种中,似鳊的重要性指标最高,达到 38.81,其尾数百分比也是最高的,达到 28.85%;传统经济鱼类鲢鱼、鳙鱼、鲫鱼的重量百分比虽然较高,但尾数百分比不占明显优势。除鲢鱼、鳙鱼、鲫鱼、鲤鱼,优势种中的其他种类多为小型鱼类,其平均重量都小于 12 g[33]。

2017—2018 年,李经纬等人对滆湖鱼类进行了周年季度调查[34],共发现鱼类 36 种,隶属于 4 目 8 科,其中鲤形目物种数最多,有 26 种,占总物种数的 72.2%,鲈形目、鲇形目和鲱形目物种数很少,分别有 5(13.9%)、4(11.1%)和 1 个(2.8%)物种。鲤科物种数最多(24 种,占 66.7%),鳘科和鰕虎鱼科各有 3 种(8.3%),鳅科有 2 种(5.6%),其他 4 个科分别只有 1 个物种(表 6-7)。摄食功能群中,杂食性鱼类物种数最高,有 17 种,占总物种数的 47.2%;其次为肉食性鱼类和无脊椎动物食性鱼类,分别有 8 种(22.2%)和 5 种(13.9%);浮游生物食性(4 种,11.1%)和植食性鱼类(2 种,5.6%)物种数较少。浮游生物食性鱼类单位努力捕获数量最高,占比 67.7%,其次是杂食性鱼类(15.2%),无脊椎动物食性(9.3%)和肉食性(7.3%)鱼类较少,植食性鱼类最少(0.5%)。浮游生物食性鱼类单位努力捕获重量最高,占比为 66.5%;其次是杂食性(17.9%)和肉食性(11.8%)鱼类,无脊椎动物食性(2.3%)和植食性(1.5%)鱼类较少。在生态类群中,湖泊定居型鱼类物种数最多,有 30 种,占总物种数的 83.3%,其次为河湖洄游型(5 种,13.9%),河口型鱼类仅 1 种(2.8%)。

根据重要性指数(IRI)值,刀鲚属于优势种,鲢鱼和鲫鱼属于常见种,分别占总 IRI 值的 41.26%、27.63% 和 10.28%。数量上,刀鲚最多,占总数量的 58.0%;其次为鲢鱼、鲫鱼和光泽黄颡鱼,数量占比为 5.78%~7.65%;其他 32 个物种的数量占比低于 3.2%。重量上,鲢鱼占总捕捞重量的 46.27%;其次鳙鱼(14.40%)、鲫鱼(9.55%)、鲤鱼(7.51%)、达氏鲌(5.95%)和刀鲚

(5.94%)的捕捞重量排在第 2~6 位,其他 30 个物种的生物量占比低于 2.7%[34]。滆湖鱼类群落现状种类组成如表 6-7 所示。

表 6-7　滆湖鱼类群落现状种类组成(修改自李经纬 等[34])　　　单位:%

| 科 | 物种 | 数量百分比 | 重量百分比 | 重要性指数百分比 |
|---|---|---|---|---|
| 鳀科<br>(Engraulidae) | 刀鲚(*Coilia nasus*) | 57.98 | 5.94 | 41.26 |
| 鲤科<br>(Cyprinidae) | 棒花鱼(*Abbottina rivularis*) | 0.01 | <0.01 | <0.01 |
| | 兴凯鱊(*Acheilognathus chankaensis*) | 0.13 | <0.01 | <0.01 |
| | 大鳍鱊(*Acheilognathus macropterus*) | 0.43 | 0.04 | 0.06 |
| | 鲫(*Carassius auratus*) | 6.36 | 9.55 | 10.28 |
| | 达氏鲌(*Chanodichthys dabryi*) | 3.17 | 5.95 | 3.46 |
| | 红鳍原鲌(*Cultrichthys erythropterus*) | 2.28 | 2.67 | 1.97 |
| | 蒙古鲌(*Culter mongolicus*) | 0.12 | 0.29 | 0.03 |
| | 翘嘴鲌(*Culter alburnus*) | 1.68 | 2.55 | 1.51 |
| | 鲤(*Cyprinus carpio*) | 1.06 | 7.51 | 2.81 |
| | 贝氏䱗(*Hemiculter bleekeri*) | 1.98 | 0.08 | 0.61 |
| | 䱗(*Hemiculter leucisculus*) | 2.14 | 0.20 | 0.72 |
| | 鳙(*Aristichthys nobilis*) | 1.57 | 14.40 | 4.91 |
| | 鲢(*Hypophthalmichthys molitrix*) | 7.65 | 46.27 | 27.63 |
| | 团头鲂(*Megalobrama amblycephala*) | 0.19 | 0.73 | 0.09 |
| | 鳊鱼(*Parabramis pekinensis*) | 0.28 | 0.72 | 0.11 |
| | 似鳊(*Pseudobrama simoni*) | 1.86 | 0.21 | 0.51 |
| | 麦穗鱼(*Pseudorasbora parva*) | 0.43 | <0.01 | 0.05 |
| | 方氏鳑鲏(*Rhodeus fangi*) | 0.01 | <0.01 | <0.01 |
| | 中华鳑鲏(*Rhodeus sinensis*) | 0.12 | 0.01 | <0.01 |
| | 黑鳍鳈(*Sarcocheilichthys nigripinnis*) | 0.13 | 0.02 | <0.01 |
| | 长蛇鮈(*Saurogobio dumerili*) | 0.06 | <0.01 | <0.01 |
| | 赤眼鳟(*Squaliobarbus curriculus*) | 0.01 | 0.03 | <0.01 |
| | 似鳡(*Toxabramis swinhonis*) | 0.19 | 0.03 | 0.01 |
| | 黄尾鲷(*Xenocypris davidi*) | 0.04 | 0.06 | <0.01 |
| 鳅科<br>(Cobitidae) | 中华花鳅(*Cobitis sinensis*) | 0.13 | 0.03 | <0.01 |
| | 泥鳅(*Misgurnus anguillicaudatus*) | 0.51 | 0.13 | 0.04 |

续表

| 科 | 物种 | 数量百分比 | 重量百分比 | 重要性指数百分比 |
|---|---|---|---|---|
| 鲇科<br>(Siluridae) | 鲇(Silurus asotus) | 0.01 | 0.16 | <0.01 |
| 鲿科<br>(Bagridae) | 长须黄颡鱼(Pelteobagrus eupogon) | 0.01 | 0.01 | <0.01 |
| | 黄颡鱼(Tachysurus fulvidraco) | 2.67 | 1.56 | 2.03 |
| | 光泽黄颡鱼(Pelteobagrus nitidus) | 5.78 | 0.67 | 1.65 |
| 鮨科<br>(Serranidae) | 鳜(Siniperca chuatsi) | 0.01 | 0.03 | <0.01 |
| 鰕虎鱼科<br>(Gobiidae) | 红狼牙鰕虎鱼(Odontamblyopus rubicundus) | 0.06 | <0.01 | <0.01 |
| | 子陵吻鰕虎鱼(Rhinogobius giurinus) | 0.73 | 0.01 | 0.21 |
| | 须鳗鰕虎鱼(Taenioides cirratus) | 0.10 | <0.01 | <0.01 |
| 鳢科<br>(Channidae) | 乌鳢(Channa argus) | 0.03 | 0.11 | <0.01 |

2019 年,常州市武进生态环境局组织实施了生物多样性本底调查,共采集到鱼类 8 目 30 种,分别是陈氏新银鱼、大银鱼、鲢鱼、鲤鱼、鲫鱼、草鱼、银鲴、尖头鲌、翘嘴鲌、黄尾鲴、银鮈、花䱻、鲂、鳊鱼、䱗、贝氏䱗、大鳍鱊、红鳍原鲌、赤眼鳟、泥鳅、红狼牙鰕虎鱼、瓦氏黄颡鱼、黄颡鱼、刀鲚、大眼鳜、间下鱵、日本鳗鲡、鲇、黄鳝和乌鳢。优势种为鲫、翘嘴鲌、鲢、䱗、黄颡鱼[35]。溽湖鱼类优势种转变如表 6-8 所示。

表 6-8　溽湖鱼类优势种转变

| 物种 | 1980—1989 年 | 2008 年 | 2017—2018 年 | 2019 年 |
|---|---|---|---|---|
| 刀鲚(Coilia nasus) | ++(4) | + | +++(1) | ++ |
| 大鳍鱊(Acheilognathus macropterus) | | | + | + |
| 鲫(Carassius auratus) | +++(3) | +++(2) | +++(3) | +++(1) |
| 达氏鲌(Chanodichthys dabryi) | | | ++(5) | |
| 红鳍原鲌(Cultrichthys erythropterus) | | ++(5) | ++ | |
| 蒙古鲌(Culter mongolicus) | ++ | | | |
| 翘嘴鲌(Culter alburnus) | ++(5) | | ++ | +++(2) |
| 鲤(Cyprinus carpio) | +++(1) | + | ++ | |

| 物种 | 1980—1989 年 | 2008 年 | 2017—2018 年 | 2019 年 |
|---|---|---|---|---|
| 贝氏䱗(*Hemiculter bleekeri*) | | + | + | + |
| 䱗(*Hemiculter leucisculus*) | | ++(4) | + | +++(4) |
| 鳙(*Aristichthys nobilis*) | +++(2) | +++(3) | ++(4) | |
| 鲢(*Hypophthalmichthys molitrix*) | ++ | ++ | +++(2) | +++(3) |
| 团头鲂(*Megalobrama amblycephala*) | ++ | | + | |
| 鳊(*Parabramis pekinensis*) | | | + | ++ |
| 似鳊(*Pseudobrama simoni*) | | +++(1) | + | |
| 麦穗鱼(*Pseudorasbora parva*) | | | + | |
| 黄颡鱼(*Tachysurus fulvidraco*) | | | ++ | +++(5) |
| 光泽黄颡鱼(*Pelteobagrus nitidus*) | | | ++ | |
| 子陵吻鰕虎鱼(*Rhinogobius giurinus*) | | + | + | |
| 来源 | 《江苏湖泊志》[5] | 唐晟凯等[33] | 李经纬等[34] | 《常州市武进区生物多样性本底调查报告》[35] |

注：加号代表优势程度，加号越多，代表优势度排序越高。括号中的数字表示该阶段此种鱼类的优势度排序，仅标注了优势度前五的鱼类。

综合 1980—1989 年、2008 年、2017—2018 年、2019 年数据，发现滆湖鱼类优势种发生了明显变化(表 6-8)。在四个阶段中，鲫鱼、鲢一直是主要优势种，鳙的优势度有一定下降。从优势物种的转变情况来看，鱼类明显有小型化的特征，鳙的优势度下降及翘嘴鲌、䱗、黄颡鱼等小型鱼类成为优势种，都表明滆湖小型鱼类优势度增加的特征。

## 6.5.2 鱼类资源

1958 年前滆湖是开放捕捞的湖泊，虽然入湖捕捞的有江、浙、皖、鲁四省的渔民，但因湖面是在武进和宜兴两县(现为常州市武进区和宜兴市)管辖范围之内，故还是以这两个县的渔民为主，外地渔民只是季节性地入湖捕捞。1958 年，武进、宜兴两县加上常州市曾联合在该湖进行放养，至 1961 年又撤箔开放。1967 年,武进、宜兴两县联合成立了滆湖水产生产管理委员会,管理滆湖的捕捞生产、保护资源繁殖和放养,后经过多次结构改革,现阶段滆湖渔业资源主管部门为江苏省滆湖渔业管理委员会办公室,主要职责为制订滆湖湖区的渔业资源开发利用规划,监督检查湖区渔业法律法规的执行情况,制订湖区渔业资源增殖保护措施,协调处理滆湖渔业管理中的有关重大问题和矛盾。

目前,滆湖有 2 个国家级水产种质资源保护区。一个是滆湖国家级水产种质资源保护区,总面积 2 700 $hm^2$,其中核心区面积 404 $hm^2$,实验区面积 2 296 $hm^2$,特别保护期为全年。保护区位于江苏省常州市滆湖湖心至东岸区域,范围在东经 119°47′23″~119°52′10″,北纬 31°37′26″~31°33′41″之间。主要保护对象为黄颡鱼、青虾、蒙古鲌、翘嘴鲌、鲫鱼和乌鳢,其他保护对象有青鱼、草鱼、鲢、鳙、团头鲂、鳡、三角帆蚌、芦苇、莲藕、芡实、菱等。

另一个是滆湖鲌类国家级水产种质资源保护区,总面积 1 496 $hm^2$,其中核心区面积 382 $hm^2$,实验区面积 1 114 $hm^2$,核心区特别保护期为全年。保护区位于江苏省常州市武进区西南处滆湖水域的北端,地理坐标位于东经 119°47′43″~119°52′48″,北纬 31°39′43″~31°41′19″之间。主要保护对象为翘嘴红鲌、蒙古红鲌及青梢红鲌,其他保护物种有青虾、黄颡鱼、鲤、鲫等定居型鱼类及水生植物资源。滆湖水产种质资源保护区基本信息如表 6-9 所示。

表 6-9　滆湖水产种质资源保护区基本信息

| 序号 | 保护区名称 | 位置 | 总面积 ($hm^2$) | 主要保护对象 | 始建时间 | 始建批准机关 | 保护区现级别 |
|---|---|---|---|---|---|---|---|
| 1 | 滆湖国家级水产种质资源保护区 | 江苏省常州市滆湖湖心至东岸区域 | 2 700 | 黄颡鱼、青虾、蒙古鲌、翘嘴鲌、鲫鱼和乌鳢 | 2009 年 | 农业部 | 国家级 |
| 2 | 滆湖鲌类国家级水产种质资源保护区 | 江苏省常州市武进区西南处滆湖水域的北端 | 1 496 | 翘嘴红鲌、蒙古红鲌及青梢红鲌 | 2013 年 | 农业部 | 国家级 |

除了建立国家级水产种质资源保护区,江苏省农业农村厅通过制定滆湖渔业资源保护规定来切实加强滆湖渔业资源的保护、增殖和合理利用,维护滆湖渔业水域生态环境,促进滆湖渔业可持续发展。2019 年 12 月印发的《江苏省滆湖渔业资源保护若干规定》要求每年的 1 月 1 日至 8 月 31 日为全湖禁渔期,除特许捕捞外,禁止其他一切捕捞行为。每年的 9 月 1 日至 9 月 14 日

为限制捕捞期,禁止使用鱼箔从事捕捞。禁渔区域为溷湖全部水域,沿岸有堤埂的以堤埂为界,无堤埂的以吴淞高程 4 m 以内为界。

2021 年 1 月 1 日起长江实行全面禁捕,为响应号召,溷湖强化十年禁渔执法,保护区所涉湖泊其他水域年内全面退捕(含辅助船、持有效证件渔业运销船)。禁捕期内,生产性捕捞和娱乐性垂钓全面禁止,做到无捕捞渔船、无捕捞网具、无捕捞渔民、无捕捞生产。

半个世纪以来,溷湖鱼类物种组成及产量构成已发生了较大的改变(表 6-10)。20 世纪 90 年代后,随着外源和围网投饵养殖污染的加剧,溷湖富营养化进程加速,21 世纪初水质迅速恶化为劣 Ⅴ 类。富营养化导致浮游植物增殖加速,浮游植物生物量从 20 世纪 80 年代的 0.807 mg/L,上升到 21 世纪的 7 mg/L 以上[15],为滤食性鱼类如鲢鳙提供了饵料基础。因此,2000 年后溷湖鲢鳙产量比例较 20 世纪 70 年代和 80 年代明显提高,2017—2018 年高达 61.67%(表 6-10),而且藻类大量增殖导致透明度下降,从而导致耐污能力差的物种(如依赖视觉定位捕食的鱼食性鱼类)的种群数量逐渐减少。同时,2000 年后的水质恶化引起了溷湖水草分布的急剧萎缩,2007 年之后仅呈零星分布,水草的消失会导致栖息地异质性降低和水草资源的快速减少,进而导致溷湖草食性鱼类或产黏性卵鱼类数量的下降(表 6-10)。

表 6-10 溷湖主要鱼类产量占比的历史变化(修改自李经纬 等[34]) 单位:%

| 物种 | 1973 年 | 1981—1989 年 | 2008 年 | 2010 年 | 2014 年 | 2017—2018 年 |
|---|---|---|---|---|---|---|
| 青鱼 | 2.43 | 4.30 | — | 0.00 | 0.00 | 0.00 |
| 草鱼 | 6.06 | 9.00 | — | 0.88 | 0.50 | 0.00 |
| 团头鲂 | 4.25 | 4.20 | | | 0.33 | 0.73 |
| 鲢鳙 | 14.55 | 4.00 | 32.68 | 12.54 | 40.79 | 61.67 |
| 鲤鲫 | 35.78 | 17.57 | 24.00 | 39.34 | 3.92 | 17.06 |
| 乌鳢 | 0.56 | 13.10 | | 0.54 | 0.00 | 0.11 |
| 鲌类 | 12.74 | 0.20 | 4.07 | 1.93 | 2.36 | 11.46 |
| 鲚类 | 5.46 | 0.20 | 1.63 | 22.82 | 37.42 | 5.94 |
| 产量(t) | 948.20 | 1 701.50 | — | 1 457.10 | 1 385.70 | — |

注:"—"表示未统计到数据。

因富营养化引发的水华现象已经成为全球关注的问题,同时严重影响了溷湖水质安全。除了使用物理、化学方法去除水华现象,生物操纵法作为生态控制藻类的一种重要方法,近年来在全国多个湖泊得到应用与推广。通过投放滤食性鲢鳙鱼,直接摄食水体中的藻类,从而控制藻类水华,这种非经典生物操纵得到了很多学者的认可与验证。2008 年以前,溷湖鲢鳙鱼产量占比较低,该阶段溷湖水质较差,呈现逐年恶化的趋势,各项指标于 2007 年左右达到峰值。基于溷湖投放鲢鳙鱼幼苗的措施,鲢鳙鱼的产量占比于 2008 年后有了显著上升。通过放养鲢鳙鱼及其他人为措施,改善了溷湖生态系统中鱼类群落的结构及组成,促进溷湖生态系统中的能量流动和物质循环,从而达到改善水质、保护溷湖生态环境的目的。自 2008 年以来,溷湖水质整体上呈现逐年改善的趋势,$COD_{Mn}$、TN 和 TP 浓度都有显著降幅,水质类别由劣 V 类降至 V 类,溷湖水质得到改善。

### 6.5.3　鱼类资源影响因素

#### 1. 过度捕捞

20 世纪 90 年代,部分渔民为维持生活需要和利益驱使,只顾眼前的经济效益,不顾代际平衡的资源使用原则,捕捞强度大大超出渔业资源的再生能力,造成渔业资源的过度利用,促使许多主要经济水产品种的自然资源严重衰退,导致生物群体结构低龄化、小型化现象十分严重,给生物资源再生和恢复带来困难,鱼类种群资源受到严重威胁。21 世纪初,尽管有法律法规要求,但仍有少部分人为了经济利益,采用密眼渔网等掠夺式捕捞方式,影响鱼类正常繁衍与种群恢复,直接造成渔业资源总量衰退,破坏了湖泊食物链的完整性,给湖泊生态系统带来巨大危害[36]。当前,为缓解过度捕捞对于湖泊鱼类的影响,江苏省溷湖渔业管理委员会制订鱼类增殖保护措施,进行科学化管理。

#### 2. 围网养殖

溷湖水深,适宜水草生长,自然条件优越,是洄游性鱼类良好的育肥场所和定居性鱼类、虾类、贝类生长繁殖的地方。然而为了发展渔业生产,大量的水域通过围网方式进行水产养殖。常见的围网养殖有两种模式:自然天养(投苗不投饵)和人工喂养(投苗投饵)。人工喂养中,在投放饵料以进一步增加产量的同时,势必会引入过多的营养盐造成水质恶化和水体富营养化。自然天养中,虽然不投饵料,但高密度养殖鱼类的排泄物也会给水质带来不利影响。围网养殖造成的湖泊环境条件的改变会改变鱼类群落结构,如养殖带来的生境退化和水质恶化会引起水体缺氧和表观浑浊,导致敏感鱼类缺氧死亡,鱼类群落多样性降低[37-39]。

3. 水质变化

涡湖为江苏南部第二大湖泊,历史上为重要的商品鱼生产基地,兼具饮用水供给、蓄洪灌溉、航运和休闲旅游等多重功能。由于涡湖周边地区经济的高速发展,受工农业污染物排放入湖以及湖区投饵养殖等人为活动的影响,湖泊水质从 20 世纪后期开始逐渐变差,局部恶化至劣 V 类[34]。而湖泊水质可通过生理耐受性原理改变鱼类群落结构,这些局域尺度因子对鱼类群落产生的影响甚至大于景观和湖泊尺度因子产生的影响。例如,水体透明度大小不仅直接影响水中浮游植物的光合作用,同时也大致表明了水中溶氧量,这与鱼类的健康生长密切相关。

4. 生态系统"草型"向"藻型"演变

20 世纪 90 年代以前,涡湖为草型湖泊,沉水植物分布广泛,覆盖度呈南高北低的格局。1998 年以前,涡湖沉水植物覆盖度均占 80% 以上。但随着外源和围网投饵养殖污染的加剧,涡湖富营养化进程加速,导致浮游植物增殖加速,为滤食性鱼类如鲢鳙的增殖放流提供了饵料基础。例如 1999—2004 年,湖区沉水植物受到藻类迅速繁殖的影响,覆盖面积每年以 10% 以上的速度递减。2000 年后藻类大量增殖导致透明度下降,从而导致耐污能力差的物种(如依赖视觉定位捕食的鱼食性鱼类)的种群数量逐渐减少。随着营养水平的升高,浮游生物食性鱼类生物量随着浮游植物生物量(叶绿素 a 浓度)的升高而增加,而肉食性鱼类生物量比例下降。涡湖由"草型"清水稳态向"藻型"浊水稳态转变的过程,是水体恶化的结果,是在一系列的外界环境变化胁迫下(湖泊生态系统在环境胁迫下)呈现出的逆向演替过程。

# 6.6 小结

20 世纪 70 年代到 90 年代初期,涡湖是以沉水植物为主的典型草型湖泊。水生植物大量繁衍，覆盖面积逐步扩大。其中主要优势类群为沉水植物，主要优势种为黄丝草，约占全湖面积的85.8%。全湖水草丛生的境况，有效控制了水中氮、磷浓度，并且抑制了藻类的生长，大大减缓了水体富营养化的进程。绿藻种类最多，其次是硅藻和蓝藻，硅藻中着生性种类较为常见。同时，调查发现浮游动物种数较为丰富，浮游动物平均密度为287.8 ind/L，生物量1.16 mg/L。并发现底栖动物47种，软体动物占据明显优势，适宜在清洁水体中生活的蜉蝣、蜻蜓、龙虱等水生昆虫也较为常见。监测到鱼类60余种，鲤鱼在鱼、虾总产量中占据首位。由于划定了常年繁殖保护区，且每年又放养大量的夏花，草鱼、青鱼、鲢鱼、鳙鱼等鱼的产量随着放养数量的增加而增加。

2000年以来，溷湖的水生植物优势类群发生了显著变化。由于水生植物迅速衰退，芦苇和菰等挺水植物成为优势种，且沉水植物优势种由清水型逐渐演替为耐富营养型。随着水生植物尤其是沉水植物的快速消亡，浮游植物密度急剧上升，溷湖从"草型湖泊"转变为"藻型湖泊"，优势种由蓝藻门、绿藻门和硅藻门为主演变为蓝藻类群占据主要优势，且微囊藻和细小平裂藻等典型富营养指示种占比较高。调查发现的浮游动物物种数总体维持在约60种，轮虫和桡足类密度都有所下降，枝角类密度上升。底栖动物的物种数显著下降，软体动物退化为非优势种，优势种演变为寡毛类和摇蚊幼虫，大型的双壳类急剧减少，软体动物小型化，适合在清洁水体生活的物种明显减少甚至消失。与之类似，监测到的鱼类种类下降至30多种，优势种为刀鲚，常见种为鲢鱼和鲫鱼。过度捕捞、围网养殖等人类活动导致溷湖鱼类多样性下降和物种组成变化，鱼类明显有趋于小型化的特征，而人类活动引起的富营养化、水质下降及生态系统退化进一步加剧了溷湖渔业资源的衰退。

## 参考文献

[1] 高亚岳，周俊，陈志宁，等. 溷湖富营养化进程中沉水植被的演替及重建设想[J]. 江苏环境科技，2008，21(4)：21-24.

[2] 周刚. 溷湖水生植物生物量、演替规律及合理利用[J]. 湖泊科学，1997，9(2)：175-182.

［3］ 陶花,潘继征,沈耀良,等.滆湖沉水植物概况及退化原因分析[J].环境科技,2010,23(5):64-68.

［4］ 夏莹霏,胡晓东,徐季雄,等.江苏省6个典型湖泊水生植物分布及其与环境因子的关系[J].水生态学杂志,2020,41(3):69-76.

［5］ 中国科学院南京地理研究所湖泊室.江苏湖泊志[M].南京:江苏科学技术出版社,1982.

［6］ 陆全平,周刚.滆湖的水生维管束植物[C]//朱成德,王玉纲,余宁.滆湖渔业高产模式及生态渔业研究论文集.北京:中国农业出版社,1996.

［7］ 徐锦前,钟威,蔡永久,等.近30年长荡湖和滆湖水环境演变趋势[J].长江流域资源与环境,2022,31(7):1641-1652.

［8］ 黄峰.滆湖沉水植物群落重建及水质净化效果研究[D].苏州:苏州科技学院,2011.

［9］ Xu X, Zhang Y, Chen Q L, et al. Regime shifts in shallow lakes observed by remote sensing and the implications for management [J]. Ecological Indicators, 2020, 113(6): 106285.

［10］ 葛绪广,王国祥,李振国,等.凤眼莲凋落物及其残体的沉降[J].湖泊科学,2009,21(5):682-686.

［11］ 李文朝,陈开宁,吴庆龙,等.东太湖水生植物生物质腐烂分解实验[J].湖泊科学,2001,13(4):331-336.

［12］ 王朝晖,韩博平,胡韧,等.广东省典型水库浮游植物群落特征与富营养化研究[J].生态学杂志,2005,24(4):402-405,409.

［13］ 王苏民,窦鸿身.中国湖泊志[M].北京:科学出版社,1998.

［14］ 张彤晴.滆湖浮游植物群落结构及其动态研究[C]//朱成德,王玉纲,余宁.滆湖渔业高产模式及生态渔业研究论文集.北京:中国农业出版社,1996.

［15］ 陈立婧,彭自然,孔优佳,等.江苏滆湖浮游藻类群落结构特征[J].生态学杂志,2008,27(9):1549-1556.

［16］ 张永红,刘其根,孔优佳,等.滆湖控藻网围内、外及工程示范区浮游植物群落结构周年变化特征对比研究[J].上海海洋大学学报,2016,25(3):422-430.

［17］ 盛建明,费志良,葛家春.洪灾对湖泊生态环境的影响[J].南京林业大学学报(自然科学版),2000,24(Z1):112-115.

［18］ 陈耀炳,王炳良.滆湖渔业可持续发展思路[J].科学养鱼,2001(9):7.

［19］ 陈立婧,顾静,彭自然,等.滆湖轮虫群落结构与水质生态学评价[J].动物学杂

志,2008,43(3):7-16.

[20] 陶雪梅,王先云,王丽卿,等.溻湖后生浮游动物群落结构研究[J].生态与农村环境学报,2013,29(1):81-86.

[21] 王俊.溻湖水生态系统[M].南京:河海大学出版社,2020.

[22] 江苏省太湖地区水利工程管理处、江苏省水利科学研究院.溻湖水生态监测报告(2020年度)[R].2021.

[23] 陈立婧,顾静,彭自然,等.溻湖不同富营养水平湖区轮虫群落结构的比较[C]//全国生物多样性保护及外来有害物种防治交流研讨会论文集.上海,2008:51-56.

[24] 朱成德.溻湖浮游动物的数量动态研究[C]//朱成德,王玉纲,余宁.溻湖渔业高产模式及生态渔业研究论文集.北京:中国农业出版社,1996.

[25] 余宁.溻湖底栖动物生态分布及变动趋势的研究[C]//朱成德,王玉纲,余宁.溻湖渔业高产模式及生态渔业研究论文集.北京:中国农业出版社,1996.

[26] 刘其根,孔优佳,陈立侨,等.网围养殖对溻湖底栖动物群落组成及物种多样性的影响[J].应用与环境生物学报,2005,11(5):566-570.

[27] 王丽卿,吴亮,张瑞雷,等.溻湖底栖动物群落的时空变化及水质生物学评价[J].生态学杂志,2012,31(8):1990-1996.

[28] Shostell J,Williams B. Habitat complexity as a determinate of benthic macroin-vertebrate community structure in cypress tree reservoirs [J]. Hydrobiologia, 2007, 575:389-399.

[29] Tews J, Brose U, Grimm V, et al. Animal species diversity driven by habitat heterogeneity/diversity: The importance of keystone structures [J]. Journal of Biogeography, 2004, 31(1): 79-92.

[30] 汪院生.溻湖水环境演变及其原因分析[J].水利规划与设计,2013(8):37-40,55.

[31] 孔优佳,徐东炯,刘其根,等.溻湖湖滨带生态修复技术初步研究[J].水生态学杂志,2017,38(2):17-24.

[32] 唐晟凯,张彤晴,孔优佳,等.溻湖鱼类学调查及渔获物分析[J].水生态学杂志,2009,30(6):20-24.

[33] 李经纬,徐东坡,李巍,等.溻湖鱼类群落时空分布及其与环境因子的关系[J].水产学报,2022,46(4):546-556.

[34] 常州市武进生态环境局.常州市武进区生物多样性本底调查[R].2019.

[35] 程馨雨,陶捐,武瑞东,等.淡水鱼类功能生态学研究进展[J].生态学报,2019,

39(3):810-822.

[36] 谢涵,蒋忠冠,夏治俊,等.围网养殖对华阳河湖鱼类群落结构的影响[J].水产学报,2018,42(9):1399-1407.

[37] 于海龙,王宏志,王海芳,等.江汉平原湖域拆围监测及其生态环境效益估算研究——以洪湖为例[J].长江流域资源与环境,2020,29(12):2760-2769.

[38] 杨井志成,罗菊花,陆莉蓉,等.东太湖围网拆除前后水生植被群落遥感监测及变化[J].湖泊科学,2021,33(2):507-517.

# 第 7 章

## 面源污染

## 7.1　面源污染概况

20 世纪 80 年代以来，滆湖流域农业发展迅速，由于化肥、农药使用量大幅增加，大量污染物排放进入水体，农业面源污染的影响日益凸显。同时，城镇化的推进大幅增加了城市降雨径流污染，并逐渐成为影响水环境质量的重要污染源。因此，开展面源污染解析对于深入了解滆湖流域生态环境现状具有重要意义，并可为滆湖流域的环境保护管理规划提供基础数据支撑。本章节以总氮、总磷为研究对象，进行污染源解析。污染源结构示意图如图 7-1 所示。

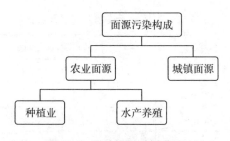

**图 7-1　污染源结构示意图**

该研究数据来源为统计部门、统计年鉴、气象部门数据，《第二次全国污染源普查公报》及相关文献等，污染源入河量计算方法及系数参考生态环境部公布的《排放源统计调查产排污核算方法和系数手册》及相关文献。

## 7.2　农业面源

农业面源污染是面源污染的主要形式之一，在面源污染控制与生态修复中至关重要。本节针对种植业及水产养殖业导致的农业面源污染进行核算与分析。

### 7.2.1　种植业

种植业污染入河量以种植业面积为基数采用输出系数法进行核算，计算公式为：

$$Q_j = S \times k_j \times \lambda_j \times 10^{-3}$$

式中：$Q_j$ 指某地种植业第 $j$ 项污染物排放（流失）量（t）；$S$ 为该地种植业面积（亩①）；$k_j$ 为该地第 $j$ 项污染物排污系数［kg/（亩·a）］；$\lambda_j$ 为该地第 $j$ 项污染物入河系数。滆湖流域种植业污染物输出系数如表 7-1 所示。

表 7-1　种植业污染物输出系数

| 类别 | 污染物输出系数（kg/亩·a） | | 入河系数 |
|---|---|---|---|
| | 总氮 | 总磷 | |
| 种植业 | 20 | 2 | 0.1 |

滆湖流域种植业污染物入河量及占比如表 7-2 所示。

表 7-2　种植业污染物入河量及占比

| 行政区 | 总氮（t） | 区域占比（%） | 总磷（t） | 区域占比（%） |
|---|---|---|---|---|
| 高新区 | 3.51 | 0.62 | 0.35 | 0.62 |
| 湟里镇 | 42.05 | 7.48 | 4.21 | 7.48 |
| 嘉泽镇 | 8.65 | 1.54 | 0.87 | 1.54 |
| 经发区 | 28.93 | 5.14 | 2.89 | 5.14 |
| 牛塘镇 | 2.00 | 0.36 | 0.20 | 0.36 |
| 前黄镇 | 42.16 | 7.50 | 4.22 | 7.50 |
| 邹区镇 | 15.35 | 2.73 | 1.53 | 2.73 |
| 湖塘镇 | — | — | 0.00 | — |
| 官林镇 | 122.40 | 21.77 | 12.24 | 21.77 |
| 高塍镇 | 107.60 | 19.13 | 10.76 | 19.13 |
| 和桥镇 | 74.40 | 13.23 | 7.44 | 13.23 |
| 新建镇 | 72.00 | 12.80 | 7.20 | 12.80 |
| 总计 | 519.05 | | 51.91 | |

注："—"表示数据缺失。

根据以上核算方法得到环滆湖 12 个乡镇/区种植业的污染物入河量。种

---

① 1 亩 ≈ 666.67 m²

植业总氮、总磷的年入河量以官林镇（TN：122.40 t/a；TP：12.24 t/a；占比21.77%）、高塍镇（TN：107.60 t/a；TP：10.76 t/a；占比 19.13%）、和桥镇（TN：74.40 t/a；TP：7.44 t/a；占比 13.23%）、新建镇（TN：72.00 t/a；TP：7.20 t/a；占比 12.80%）、前黄镇（TN：42.16 t/a；TP：4.22 t/a；占比7.50%）、湟里镇（TN：42.05 t/a；TP：4.21 t/a；占比7.48%）六个乡镇为主，总占比高达 81.91%。

因种植业产生污染多通过降雨径流汇入水体，故根据气象部门2020年降雨量数据将种植业污染核算至每月，总氮、总磷污染物月入河量在6—8月汛期呈现峰值，6—8月分别共计 285.47 t、28.55 t，在全年污染物入河量中占比高达55.00%；而在12月—次年1月则为低值，总氮、总磷分别为 19.48 t、1.95 t，占全年污染物入河量的 3.76%。滆湖流域种植业污染物月入河量如图 7-2 所示。

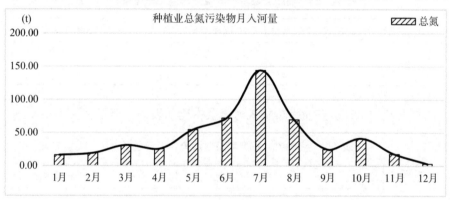

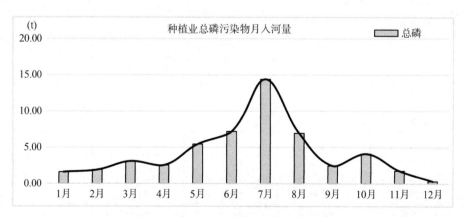

图 7-2　滆湖流域种植业污染物月入河量

## 7.2.2 水产养殖业

水产养殖业水污染物排放量的计算采用输出系数法,计算公式为:

$$Q_j = S \times k_j \times \lambda_j \times 10^{-3}$$

式中:$Q_j$ 指某地水产养殖业第 $j$ 项污染物排放(流失)量(t);$S$ 为该地水产养殖业养殖面积(亩);$k_j$ 为该地第 $j$ 项污染物排污系数[kg/(亩·a)];$\lambda_j$ 为该地第 $j$ 项污染物入河系数。水产养殖面积由遥感解译解析得到,排污系数参考生态环境部发布的《排放源统计调查产排污核算方法和系数手册》。滆湖流域水产养殖业污染物输出系数如表 7-3 所示。

表 7-3 滆湖流域水产养殖业污染物输出系数

| 类别 | 污染物输出系数[kg/(亩·a)] | | 入河系数 |
|---|---|---|---|
| | 总氮 | 总磷 | |
| 水产养殖业 | | | 0.6 |
| | 20 | 2 | |

滆湖流域水产养殖业污染物入河量及占比如表 7-4 所示。

表 7-4 滆湖流域水产养殖业污染物入河量及占比

| 行政区 | 总氮(t) | 区域占比(%) | 总磷(t) | 区域占比(%) |
|---|---|---|---|---|
| 高新区 | 13.13 | 1.43 | 1.43 | 1.43 |
| 湟里镇 | 39.61 | 4.31 | 4.31 | 4.30 |
| 嘉泽镇 | 22.64 | 2.46 | 2.47 | 2.47 |
| 经发区 | 9.78 | 1.06 | 1.07 | 1.07 |
| 牛塘镇 | 4.91 | 0.53 | 0.53 | 0.53 |
| 前黄镇 | 130.08 | 14.14 | 14.17 | 14.15 |
| 邹区镇 | 17.08 | 1.86 | 1.86 | 1.86 |
| 湖塘镇 | 93.40 | 10.16 | 10.17 | 10.15 |
| 官林镇 | 149.84 | 16.29 | 16.32 | 16.29 |
| 高塍镇 | 186.66 | 20.30 | 20.33 | 20.30 |
| 和桥镇 | 173.44 | 18.86 | 18.89 | 18.86 |

| 行政区 | 总氮(t) | 区域占比(%) | 总磷(t) | 区域占比(%) |
|---|---|---|---|---|
| 新建镇 | 79.15 | 8.61 | 8.62 | 8.61 |
| 总计 | 919.72 | | 100.17 | |

根据以上核算方法得到环滆湖 12 个乡镇/区水产养殖业的污染物入河量。水产养殖业的总氮、总磷的年入河量占比高于 10% 的乡镇/区为：高塍镇(TN: 186.66 t/a;TP:20.33 t/a;占比 20.30%)、和桥镇(TN:173.44 t/a;TP:18.89 t/a; 占比 18.86%)、官林镇(TN:149.84 t/a;TP:16.32 t/a;占比 16.29%)、前黄镇(TN:130.08 t/a;TP:14.17 t/a;占比 14.14%)、湖塘镇(TN:93.40 t/a; TP:10.17 t/a;占比 10.16%)，占比共计达到 79.75%。牛塘镇、经发区、高新区、邹区镇等区域水产养殖业污染物入河量较小，占比均不足 2%。

水产养殖业存在鱼塘、蟹塘的翻塘情况，通常在冬末春初进行，可能导致污染物季度性的集中排放。然而，翻塘的具体时期与实际生产相关，并且大部分养殖户因成本限制不会选择每年翻塘。因此，水产养殖月度污染物入河量难以表征实际情况，本节不进行核算与讨论。

## 7.3　城镇面源

21 世纪以来，随着我国经济的高速发展，城市化进程加快。据《第七次全国人口普查公报》显示，我国城镇化比例已达 63.89%。快速城市化导致城市自然水文循环过程发生显著变化，大量的农田用地、林地和草地等具有一定渗透能力的透水地表被大量铺装的城市不透水地表(硬质路面、硬质屋面等形式)所取代，严重降低了城市自然地表径流下渗比例，城市的径流比率显著增加，对于水环境污染的贡献不可忽视。

本节通过对卫星影像进行遥感解译，获得环滆湖 12 个乡镇/区建设用地面积，并采用输出系数法核算地表径流的污染物入河量，计算公式为：

$$Q_{i,j} = S_i \times k_{i,j}$$

式中：$Q_{i,j}$ 指某地地表径流第 $i$ 类土地第 $j$ 项污染物排放(入河)量(t)；$S_i$ 为该地第 $i$ 类土地面积($km^2$)；$k_{i,j}$ 为该地第 $i$ 类土地第 $j$ 项污染物输出系数

$[t/(km^2 \cdot a)]$。城镇面源污染物输出系数如表7-5所示。

表7-5　城镇面源污染物输出系数

| 土地类型 | 污染物输出系数$[t/(km^2 \cdot a)]$ | |
|---|---|---|
| | 总氮 | 总磷 |
| 建设用地 | 1.6 | 0.34 |

城镇面源污染物入河量及占比如表7-6所示。

表7-6　城镇面源污染物入河量及占比

| 行政区 | 总氮(t/a) | 占比(%) | 总磷(t/a) | 占比(%) |
|---|---|---|---|---|
| 高新区 | 62.52 | 13.99 | 13.29 | 13.99 |
| 湟里镇 | 28.40 | 6.35 | 6.04 | 6.36 |
| 嘉泽镇 | 36.50 | 8.17 | 7.76 | 8.17 |
| 经发区 | 28.07 | 6.28 | 5.97 | 6.28 |
| 牛塘镇 | 28.02 | 6.27 | 5.96 | 6.27 |
| 前黄镇 | 31.41 | 7.03 | 6.68 | 7.03 |
| 邹区镇 | 36.77 | 8.23 | 7.81 | 8.22 |
| 湖塘镇 | 64.04 | 14.33 | 13.61 | 14.33 |
| 官林镇 | 52.30 | 11.70 | 11.11 | 11.70 |
| 高塍镇 | 30.13 | 6.74 | 6.40 | 6.74 |
| 和桥镇 | 30.92 | 6.92 | 6.57 | 6.92 |
| 新建镇 | 17.82 | 3.99 | 3.79 | 3.99 |
| 总计 | 446.90 | | 94.99 | |

根据以上方法核算得到12个乡镇/区的城镇面源污染物入河量及相应占比。从总量上看,城镇面源产生的总氮年入河量为446.90 t,总磷为94.99 t。从空间分布上看,鉴于核算方法以建设用地面积为基数采用输出系数法,TN、TP两类污染物呈现相同的空间分布占比,污染物入河量贡献按照>10%、6%~10%、<6%三个梯度划分,第一梯队(占比>10%)为湖塘镇(TN:64.04 t/a;TP:13.61 t/a,占比14.33%)、高新区(TN:62.52 t/a;TP:13.29 t/a,占比13.99%)及官林镇(TN:52.30 t/a;TP:11.11 t/a,占比

11.70%);第二梯队为邹区镇(8.22%)、嘉泽镇(8.17%)、前黄镇(7.03%)、和桥镇(6.92%)、高塍镇(6.74%)、湟里镇(6.36%)、经发区(6.28%)、牛塘镇(6.27%),其总氮年入河量在 28.02～36.77 t/a 之间,总磷年入河量在 5.96～7.81 t/a 之间,差距较小;第三梯队为新建镇(TN:17.82 t/a;TP:3.79 t/a,占比 3.99%),其入河污染贡献最小。这种空间分布与乡镇/区的面积及开发程度有关,城镇化进程较快的地区如湖塘镇、高新区及官林镇需要重点关注其城镇面源污染。

根据气象部门 2020 年降雨量数据将城镇面源污染核算至每月,总氮、总磷污染物月入河量在 6—8 月呈现峰值,分别共计 240.74 t、51.16 t,在全年污染物入河量中占比高达 53.87%;而在 12 月—次年 1 月则为低值,总氮、总磷分别为 28.40 t、6.04 t,占全年污染物入河量的 6.36%。城镇面源污染物月入河量如图 7-3 所示。

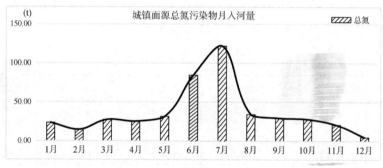

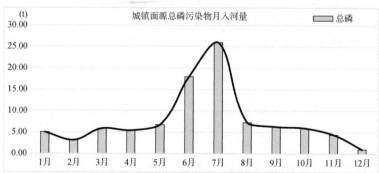

**图 7-3　城镇面源污染物月入河量**

针对滆湖流域城镇面源污染,建议加强管网治理,加快建设初期雨水收集处理设施,增强建设工程设施运行的长效管理能力,结合海绵城市建设进行源头控制,因地制宜设计调蓄设施,多措并举削减城镇面源对于滆湖的污染输入。

## 7.4 污染源构成

### 7.4.1 污染源构成整体概况

环滆湖 12 个乡镇/区的污染源构成如表 7-7 所示,城镇面源与农业面源总氮、总磷年入河量分别为 1 885.67 t、247.05 t。其中,城镇面源污染占比较小,总氮、总磷年入河量分别为 446.91 t、94.97 t,分别占总量的 23.70%、38.44%;农业面源为面源污染主导因素,总氮、总磷年入河量分别为 1 438.76 t、152.08 t,占比分别达到 76.30%、61.56%;在农业面源中,水产养殖业(TN:48.77%;TP:40.55%)的占比接近种植业(TN:27.53%;TP:21.01%)的 2 倍,是面源污染的主导因素。污染源结构如图 7-4 所示。

**表 7-7 污染源构成**

| 污染源 | | 总氮(t/a) | 占比(%) | 总磷(t/a) | 占比(%) |
|---|---|---|---|---|---|
| 农业面源 | 种植业 | 519.05 | 27.53 | 51.91 | 21.01 |
| | 水产养殖业 | 919.72 | 48.77 | 100.17 | 40.55 |
| | 合计 | 1 438.77 | 76.30 | 152.08 | 61.56 |
| 城镇面源 | | 446.90 | 23.70 | 94.97 | 38.44 |
| 总计 | | 1 885.67 | | 247.05 | |

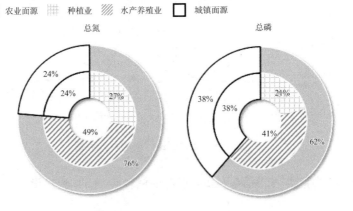

**图 7-4 污染源结构**

## 7.4.2 不同行政区污染源构成

区域间面源污染结构差异与其建设用地、种植业、水产养殖业的面积有关,分析区域面源污染结构差异对于区域污染源控制至关重要。不同行政区污染源构成如图7-5所示。从不同行政区来看,高新区、嘉泽镇、牛塘镇、邹区镇总氮、总磷的面源污染中,以城镇面源为主,总氮占比分别达到79%、54%、80%、53%,总磷占比分别达到88%、70%、89%、70%,均超过一半占比。而前黄镇、官林镇、高塍镇、和桥镇、新建镇则明显以农业面源为主,其中

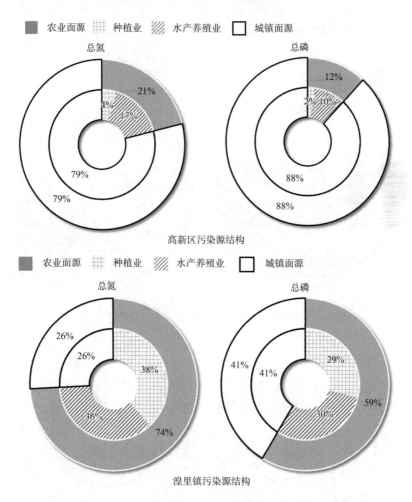

高新区污染源结构

湟里镇污染源结构

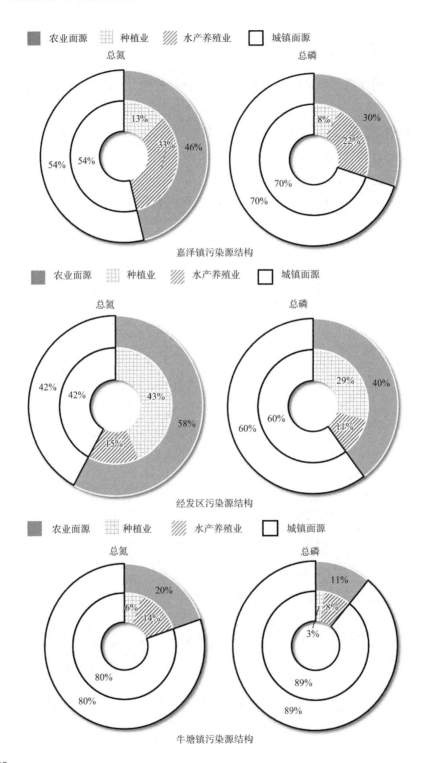

嘉泽镇污染源结构

经发区污染源结构

牛塘镇污染源结构

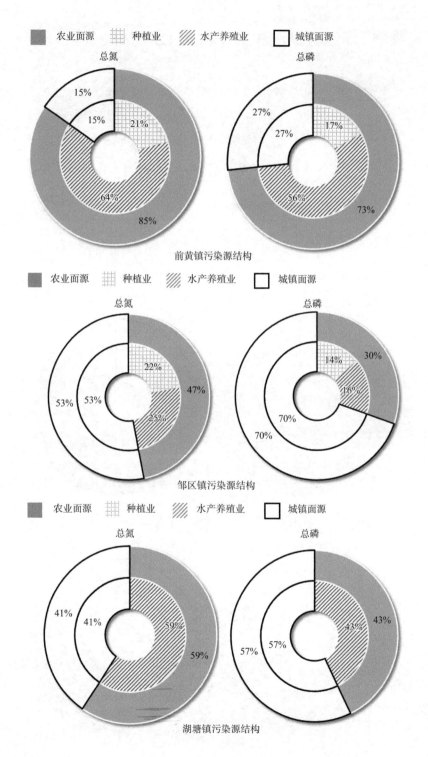

前黄镇污染源结构

邹区镇污染源结构

湖塘镇污染源结构

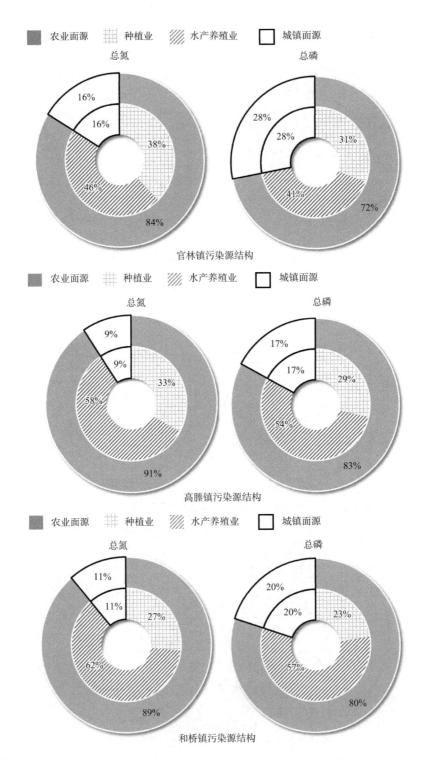

官林镇污染源结构

高塍镇污染源结构

和桥镇污染源结构

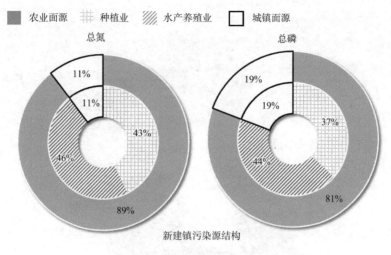

新建镇污染源结构

**图 7-5　不同行政区污染源构成**

总氮占比分别达到 85％、84％、91％、89％、89％，总磷占比分别达到 73％、72％、83％、80％、81％，在以上乡镇中农业面源又以水产养殖业为主。这表明，对于部分城镇化程度高的区域，在面源污染控制中应着力做好汛期污染防控；而对于部分农业种植、水产养殖业面积集中区域，在面源污染控制中则应将农药、化肥使用量削减，科学提高其利用率。

## 7.5　空间及时间分布

滆湖研究区的面源污染空间分布如图 7-6 所示。就总氮而言，官林镇（324.54 t/a，17.21％）、高塍镇（324.39 t/a，17.20％）、和桥镇（278.76 t/a，14.78％）、前黄镇（203.64 t/a，10.80％）、新建镇（168.97 t/a，8.96％）、湖塘镇（157.44 t/a，8.35％）6 个行政区为总氮主要区域，共计占比 77.30％；就总磷而言，其空间分布相似，以官林镇（39.67 t/a，16.06％）、高塍镇（37.49 t/a，15.18％）、和桥镇（32.90 t/a，13.32％）、前黄镇（25.06 t/a，10.14％）、湖塘镇（23.78 t/a，9.63％）为主，共计占比 64.33％。整体而言，面源污染以农业污染为主导因素，而和桥镇、高塍镇、官林镇的农业面源污染比例高。根据滆湖流场西进东南出的水文格局，和桥镇、高塍镇、官林镇处于滆湖下游，入河量不足以表征对于滆湖的污染贡献。

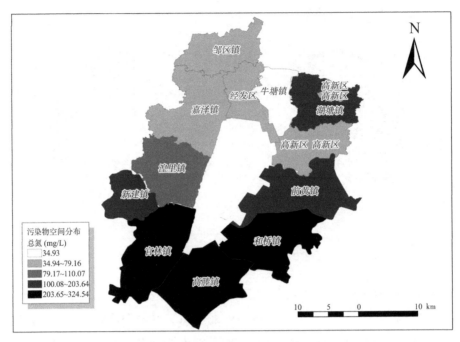

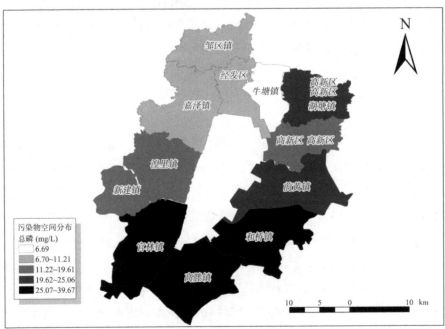

图 7-6　面源污染空间分布

## 7.6　小结

　　滆湖流域面源污染问题日益凸显,本章节以输出系数法核算了滆湖研究区面源污染概况。整体而言,总氮、总磷面源污染年入河量中,以农业面源污染为主导(总氮 76.30%、总磷 61.56%),城镇面源次之(总氮 23.70%、总磷 38.44%);在农业面源中,水产养殖业(TN:48.77%;TP:40.55%)的占比接近种植业(TN:27.53%;TP:21.01%)的 2 倍,是面源污染的主导因素。

　　在时间分布上,城镇面源与种植业受到降雨量的影响,总氮、总磷的入河量主要集中在 6—8 月,在全年污染物入河量中占比均超过了 50%;12 月—次年 1 月则为低值期,在全年污染物入河量中占比均不超过 7%,这表明城镇面源与种植业污染控制在汛期尤为重要。

　　在空间分布上,整体以官林镇、高塍镇、和桥镇、前黄镇、湖塘镇为主,总氮、总磷年入河量占比之和均超过 60%。同时也应注意,根据滆湖流场西进东南出的水文格局,和桥镇、高塍镇、官林镇处于滆湖下游,入河量不足以表征对于滆湖的污染贡献。

# 第 8 章
## 水生态环境质量评价

生态环境质量评价是一项系统性工作,是制定社会经济可持续发展规划和生态环境保护对策的重要依据。湖泊是由水生生物群落及其生存环境共同组成的动态系统,具有重要的生态功能、环境功能和社会服务功能,在国民经济发展中发挥着重要作用。近几十年来,随着流域社会经济快速发展,太湖流域的湖泊生态环境退化明显,水生生物的生存条件恶化,湖泊的生态环境问题逐渐受到重视。"十四五"以来,国家着力推动水生态环境保护工作由水污染治理为主向水资源、水生态、水环境统筹管理转变,湖泊水生态环境质量评价是支撑湖泊保护管理工作的依据。本章主要介绍有关生态环境质量评价的概念,梳理国外及我国湖泊生态环境质量评价发展趋势,在借鉴国内外相关研究基础上,结合滆湖生态系统特征,提出滆湖水生态环境质量评价体系,诊断滆湖生态环境状况及面临的主要问题,以期为滆湖保护修复提供支撑。

## 8.1　水生态环境质量评价方法

水生态环境质量评价需要根据不同水体的特性和研究目的选择指标构建体系,运用恰当的方法评价某区域生态环境质量的优劣及其影响作用关系,这一体系要具有适用性、可比性、代表性,还要运用科学的方法来定性、定量分析水生态环境质量。对于湖泊而言,水生态环境的状况是由自然条件背景、人类开发活动和环境管理共同作用下形成的结果,当区域内的经济活动和自然资源出现变化时,自然系统随之会面临不同方面的压力,由此,可从这三个方面出发,构建湖泊水生态环境质量指标体系,选取合适的指标,以期为环境管理者提供科学支撑。

### 8.1.1　国外湖泊水生态环境质量评价进展

水生态环境质量监测与评价技术体系是 20 世纪 90 年代以来西方发达国家兴起的流域综合管理的技术手段,不仅可以对水生态环境质量进行系统的监测和评价,判断水生态状况与变化,还可以对水生态问题、水生态风险进行评估[1-2],从而提出相应的修复措施,同时,长期的监测与评价结果也可反映相关人为措施的治理效果,是水生态系统管理的重要内容。目前,欧盟的《欧盟水框架指令》(Water Framework Directive,WFD)[3]以及美国国家环境保护局(Environmental Protection Agency,EPA)发布的系列水生态评价指导文件在世界范围内被广泛应用与借鉴,南非、澳大利亚及日韩等国也在水生态环境质量评价工作中取得了较大的成果。

1. 欧盟的水框架指令

2000 年 10 月 23 日,欧洲议会和欧盟理事会通过了《欧盟水框架指令》(EU Water Framework Directive,简称 WFD),并于 2000 年 12 月正式实施。WFD 是迄今为止欧盟在水资源管理领域颁布的最重要法规,为欧洲水资源的保护和管理制定了一个全面的框架。

欧盟的水框架指令引入了保护与改善河流、湖泊、过渡水体及沿海水域的新方法,构建了欧洲的水生态状态评价体系。针对湖泊,该体系以水生生物为核心,提出了包括生物质量要素(Biological Quality Elements)、水文形态要素(Hydromorphological Elements)和水体理化要素(Physicochemical Elements)共三大类的水生态状态(Ecological Status)评价体系。湖泊水生态状态评价要素及指标集组成如表 8-1 所示。

表 8-1　湖泊水生态状态评价要素及指标集组成

| 目标层 | 准则层 | 指标层 |
|---|---|---|
| 湖泊系统水生状态评价 | 生物质量要素 | 无脊椎动物 |
| | | 鱼类 |
| | | 底栖植物 |
| | | 大型水生植物 |
| | | 浮游植物 |
| | 水文形态要素 | 水文状况 |
| | | 形态条件 |
| | 水体理化要素 | 热力条件 |
| | | 含氧条件 |
| | | 盐度 |
| | | 酸碱条件 |
| | | 营养条件 |
| | | 透明度 |
| | 特定的合成污染物 | — |
| | 特定的非合成污染物 | — |

WFD 框架提出,应基于水生态区和水体类型确定各评价指标的参照状态,根据各要素与参照状态的差异将水生状态划分等级,具体评价时采用"一票否决制",取三类要素最低等级为水生态状态评价结果,以生态质量比率(Ecological Quality Ratio,EQR)的形式来表征水体的水生态质量。

针对水生生物评价,欧盟的水框架指令指导文件提出了参数综合方法,即使用多参数指数(Multi Metric Index,MMI)来评价要素的状态及水生态质量是否受到环境压力的影响。主要方法为:

(1)将筛选出的表征生物质量要素的参数与评价特定生态环境压力状况的参数组合。即可将各参数评价结果取平均或采用加权组合的方式获得一个综合评价结果,以表征水生态质量的状态。

(2)反映不同压力敏感性的参数不应被组合在一起,因为非敏感和敏感参数的平均结果,可能掩盖一部分未能达到特定质量状态的情况。

(3)反映多压力的参数可以采用组合评价,以多参数综合结果评价生物质量要素的状态。

(4)灵活进行生物质量要素参数的组合,单项参数也可直接用于评价生物质量要素的状态。

(5)多个类群或者参数,每个都单独对某一类型压力敏感,则应采用"一票否决制"规则,确保生物质量要素的状态能反映出所有压力和人类干扰影响。

为基于状态描述实现定量评价,WFD 要求各成员国对每个类型的水体建立并制定各类型水体生物质量要素的参照状态。另外,为确保欧盟评价中各要素及综合结果的可比性以及实现对生态状况的定量分级评价,以 EQR 进行评价。基于各类型水体建立起的参照状态,监测水体 EQR 值分布于 0～1 之间,最优状态的 EQR 接近 1,最差状态的 EQR 接近 0,并制定出每个等级的阈值[4]。

为了支持 WFD 的实施,欧盟委员会编制了一系列评价报告,概述了各成员国和整个欧盟在实现该指令的目标方面取得的进展,其中包括欧盟水状况评估报告(European Union Water Status Report)、欧盟水管理计划(European Union Water Management Plans)、水质目标的报告(Report on Water Quality Objectives)、水资源利用的报告(Report on Water Resource Utilization)、欧盟水环境战略的实施情况报告(Report on Implementation of the

European Union Water Environment Strategy)。

根据欧盟委员会 2021 年发布的水环境报告,全欧范围内有 40% 的水体未达到良好或中等的水质标准,而水资源受到了过度利用、污染和气候变化的影响。许多水体受到了废水排放和农业污染的影响,其中约 60% 的水体受到了氮和磷的污染,这也是导致水体富营养化的主要因素之一。

目前,WFD 的实施帮助欧洲的水体环境改善取得了一定成果,同时明确了水生态环境质量正受到人类活动的严重影响,需要加强保护措施,确保水资源的可持续发展。

2. 美国国家湖泊评价

自 1972 年通过《清洁水法》(Clean Water Act)[5],美国国家环境保护局(Environmental Protection Agency,EPA)相继发布了一系列指导文件,用于指导各州开展水生态环境监测评价工作。1990 年,EPA 启动“环境监测与评价研究计划”(EMAP,Environmental Monitoring and Assessment Program),旨在监测和评价美国的河流和湖泊的生态环境质量状况和变化趋势,厘清全国范围内的水资源与环境状况。

国家湖泊评估(NLA)是与湖泊生态环境质量评价有关的主要成果,这是一项对国家湖泊状况的全国性研究,是美国水资源调查(NARS)的主要内容之一。NARS 由国家海岸状况评估(National Coastal Condition Assessment,NCCA)、国家湖泊评估(National Lakes Assessment,NLA)、国家河流和溪流评估(National Rivers & Streams Assessment,NRSA)和国家湿地状况评估(National Wetland Condition Assessment,NWCA)共四项调查组成,其中,NLA 五年一个周期,目前处于第四个周期(NLA 2022)。国家湖泊评估提供了对全国代表性湖泊的物理、化学和生物条件的全面概述,现已有超过 20 年的数据积累,NLA 项目目前已发布系列技术规范,涵盖野外操作手册、实验手册及评估手册等内容。

该系列技术规范对湖泊现场数据测量和采样方法作出了详细规定,并要求采集营养水平指标、生物指标、化学指标及物理指标等数据,最终形成评估体系(表 8-2)。其中,营养指标包括营养状态指数,生物指标包括大型底栖无脊椎动物、浮游动物及叶绿素 a,化学指标包括酸化度、阿特拉津(除草剂)含量、微囊藻毒素、溶解氧、氮磷营养盐浓度,物理指标包括湖泊萎缩程度、湖岸带生境条件等指标。在水生态方面,着重强调了大型底栖动物群落及浮游植物的组成、结构和大小的指标。

表 8-2　美国湖泊监测评估指标(修改自美国国家湖泊评估成果)

| 准则层 | 指标层 |
| --- | --- |
| 营养水平 | 营养状态指数 |
| 生物指标 | 大型底栖无脊椎动物 |
| | 浮游动物 |
| | 叶绿素 a |
| 化学指标 | 酸化度 |
| | 阿特拉津(除草剂)含量 |
| | 微囊藻毒素 |
| | 溶解氧 |
| | 营养盐(氮) |
| | 营养盐(磷) |
| 物理指标 | 湖泊萎缩程度 |
| | 湖岸干扰度 |
| | 湖岸植被覆盖度 |
| | 浅水生境状况 |
| | 湖泊生境复杂度 |

目前,最新公布的评价结果为 NLA 第三次调查结果,调查在 2017 年进行,主要结论有:①营养盐过剩是美国湖泊环境的主要压力源,在全国范围内,约 45% 的湖泊磷含量升高,46% 的湖泊氮含量升高,在 24% 的湖泊中观察到了富营养状况;②一般湖泊营养状况较差时,生物状况也较差,在磷含量较高的湖泊中,底栖动物群落结构较差的可能性要比一般湖泊高出 2~3 倍;③滨岸带干扰情况普遍存在,但其他自然栖息地条件在超过一半的湖泊中被评为良好,全国范围内 75% 的湖泊存在中度到高度的人类活动和岸线变化,但大多数湖泊的浅水岸带、湖岸植被覆盖率和栖息地生境复杂度指标被评为良好;④21% 的湖泊中检测到微囊藻毒素,在全国 4 400 多个湖泊中有 2% 的湖泊微囊藻毒素超过了美国环保局规定的娱乐水体的水质标准;⑤30% 的湖泊中检测到的除草剂阿特拉津等级较差,恶劣的生物状况也许与其有关。

### 3. 其他国家相关进展

澳大利亚河流健康监测计划（Healthy Rivers Program）是澳大利亚联邦政府为保护和改善国内河流健康状况而实施的一项长期国家计划，通过监测澳大利亚河流和集水区的健康状况，提供信息以支持其管理和保护。该计划开始于 20 世纪 90 年代末，并一直持续到现在，主要工作包括河流健康评估、河流治理计划及河流健康监测。该计划指出了有关河流健康退化原因的信息，包括土地使用方式的影响，如农业和城市化，以及气候变化和其他环境压力因素的影响，政府利用这些信息制定管理和保护战略，以解决河流健康退化的根本问题。

韩国国家水生态监测计划是韩国政府通过环境部门实施的一项长期性、综合性的监测计划，旨在评价该国的河流、溪流和湖泊的生态状况。该项目的实施范围包括韩国的江河、湖泊、水库、河口、海岸、内海等各种水域类型，涉及水文、水质、生物多样性、生态环境等多个方面。该项目的实施主要由韩国环境部等部门负责，包括对各类型水域进行溶解氧、化学需氧量、氨氮、总磷、总氮等指标的水质监测，对水中浮游植物、底栖生物和鱼类等指标的生物监测，对水位、流量、流速等指标的水文监测及河川流域管理和水域污染防治工作，监测数据由各部门汇总后统一分析，形成综合性的监测报告。

日本环境省实施了一系列水质监测计划，其中最重要的两项是全国河川水质调查（National River Water Quality Survey）及全国湖沼水质调查（National Lake and Reservoir Water Quality Survey）。全国河川水质调查旨在监测日本全国各大河流的水质状况，并及时发现和解决河流水质污染问题，该计划每年对全国约 1 000 个河流进行水质监测，包括对水质参数（如溶解氧、浊度、化学需氧量、氨氮、硝酸盐等）的监测，以及对水生生物的调查。全国湖沼水质调查旨在监测全国各大湖泊和水库的水质状况，并及时发现和解决湖泊水质污染问题，该计划每年对全国约 300 个湖泊和水库进行水质监测，监测指标与河川类似，这些计划目的均在于全面监测日本各个水域的水质状况，并及时采取措施保护水质，确保水资源的可持续利用和保护。

上述计划使得管理部门对本国水质和生态现状有了较为全面的了解，有助于为与水管理和保护有关的政策和决策提供科学基础，对我国水生态环境质量评价规范的制定也具有一定的参考意义。

## 8.1.2　国内湖泊水生态环境质量评价进展

与国外同期相比,我国湖泊水生态质量监测与评价工作开展较晚,随着 20 世纪 70 年代环境污染调查的开始,相关的湖泊水生态质量评测也随之发展。20 世纪 90 年代,我国大力发展工业,水体污染急剧加重,与此同时,理化监测技术体系快速发展、理化监测任务加重,但生物监测工作并未得到足够的运行保障[6-7]。"九五"以后,中国在重点湖泊保护方面做了大量的工作,包括编制和实施重点湖泊水污染防治规划,开展重点湖泊生态安全调查与评价研究,建立包括湖泊在内的水环境监测网络,在国家水体污染控制与治理科技重大专项中设立湖泊主题等,实施了一系列治理工程,湖泊保护工作得以进一步深化,重点湖泊污染加重的趋势得到初步遏制。但与此同时,社会经济快速发展及人口不断增长仍然对湖泊生态系统形成了较大的压力,湖泊生态环境面临的形势仍不容乐观。"十一五"以来,在国家水体污染控制与治理科技重大专项的支持下,太湖流域、辽河流域等多个重点流域都开展了综合指标体系法的研究,取得了大量研究成果[8]。

2019 年,生态环境部启动重点流域水生态环境保护"十四五"规划编制工作,将重点流域规划名称由"水污染防治"调整为"水生态环境保护",在中国特色社会主义事业"五位一体"总体布局下,以人水和谐理念为指导,按照《水污染防治行动计划》任务部署,实施湖泊水生态环境调查与评价,开展生态环境问题诊断及成因分析,在此基础上,根据规划发展需求合理设定保护目标,根据水污染治理、水生态修复、水资源保护的需求,统筹流域与区域、水域与陆域、生物与生境,逐步实现水质监测向水生态监测转变。

1. 湖泊生态环境质量评价相关成果与标准

到"十一五"末,我国环境监测系统已初步建成了覆盖全国的国家环境监测网,基本摸清了全国地表水环境质量状况和出入境河流水质状况,然而,水质评价仍以理化指标为主,生物指标相对较少,对水生生物群落的完整性是否受到影响和破坏、水体周围物理生境状态是否退化等情况的关注不够。

针对水环境监测与评价技术方法的局限性,在"十二五"时期,国家对环境保护及环境监测提出了更高更新的要求,基于"十二五"国家水体污染控制与治理科技重大专项课题"流域水生态环境质量监测与评价研究"的研究,我国初步构建了一套流域水生态环境监测和评价方法[9]。

针对我国在生境调查标准方法上的空白，课题调研了美国 EPA 和欧盟的相关技术方案，综合考虑了我国流域水环境的特点，在 EPA 采用的生境调查方法的基础之上，分别从河流和湖库自身生态环境特点出发，从底质组成、堤岸稳定性、植被多样性、人类活动强度等方面入手，对其物理生境的整体特征进行观测和描述，建立起一套标准的生境调查方法，制定了湖库物理生境评分系统。

在指标筛选方面，结合我国流域生态系统的特点，针对不同生物类群、不同生态指标对环境污染的敏感程度存在显著差异这一问题，从科学性、可行性、经济性等方面出发，建立包含化学水质、物理生境、水生生物在内的评价指标体系，有效识别生态系统状态以及环境压力。在形成一系列的规范、导则和技术方法的基础之上，中国环境监测总站组织编写了《水生态监测技术指南 湖泊和水库水生生物监测与评价（试行）（HJ 1296—2023）》。该指南针对我国多数湖库出现的不同程度的富营养化、水华暴发、水生生物多样性降低和水生生物栖息地退化等问题，依据国外的相关标准，结合我国湖库水生态监测状况、生物地理区系和历史监测数据的实际情况，规定了湖库水生态监测中大型底栖无脊椎动物、浮游植物、浮游动物、大型水生植物的监测方法、质量保证和质量控制的要求及评价方法，形成了一部相对成熟、覆盖全面、指向明确、适用性强、具有总体指导性的湖库水生态监测与评价技术规范。

2. 重点流域应用

在"十二五"水专项背景下，流域管理目标由水质向水生态健康转变，实行水生态环境功能分区管理成为未来的趋势。由于流域水生态监测技术薄弱，难以满足管理需求转变的现状，水专项课题"太湖流域（江苏）水生态健康监控系统建设与业务化运行示范"通过江苏省太湖流域水生态健康监测与评价技术研究，形成了适用于本地的水生态环境质量监测与评价体系。

针对当前水生态监测，尤其是生物指标监测方面尚未形成统一的技术方法体系这一问题，课题通过在江苏省太湖流域不同类型水体上布设 120 个水生态监测点位，开展不同方法下监测结果的对比分析，建立了技术方法体系，从源头规范了流域的水生态监测数据质量并应用于监测工作实践。在江苏省太湖流域 120 个水生态监测点位丰、平、枯 3 个水期物理生境、水质和水生生物调查数据的基础上,以生态完整性为理论支撑,筛选、优化了水生态环境质量评价指标,极大简化了水生态环境质量评价指标的复杂程度。通过集成太湖流域水质、浮游藻类、底栖动物、生物毒性、气象、遥感 6 类水生态监测数据,构建了由水生态监测数据管理、水生态健康长期变化分析、湖泊生态场景模拟演示和水生态管理决策支持 4 个子系统组成的太湖水生态变化监控系统平台,实现流域水生态监测数据的高效管理、综合分析。依托相关成果,编制出《太湖流域水生态环境功能区质量评估技术规范》(DB 32/T 3871—2020),采用水生态健康综合评价方法进行水生态环境质量现状评价,建立了适用于当地的系统的评估指标体系和分级标准(表 8-3)。

**表 8-3　太湖流域(江苏)水生态健康评估指标体系**

| 目标层 | 准则层 | 状态层 | 指标层 |
|---|---|---|---|
| 水生态<br>环境质量指数 | 生物质量指数 | 湖泊、水库淡水浮游<br>藻类质量指数(IPI) | 总分类单元数 |
| | | | 生物密度 |
| | | | 前 3 位优势种和优势度 |
| | | 淡水大型底栖无脊椎<br>动物质量指数(IBI) | 软体动物分类单元数 |
| | | | 第 1 位优势种和优势度 |
| | | | BMWP 指数 |
| | 水质质量指数 | 湖泊、水库综合<br>营养状态指数(TLI) | 叶绿素 a、透明度、高锰酸盐指数、<br>总磷、总氮 |
| | | 河流综合污染指数(P) | 溶解氧、氨氮、高锰酸盐指数、总磷、总氮 |

## 8.2　评价体系与指标计算

### 8.2.1　评价指标体系构建

参考水利行业标准《河湖健康评估技术导则》(SL/T 793—2020)、《河湖健康评价指南(试行)》、《生态河湖状况评价规范》(DB 32/T 3674—2019)及《太湖流域水生态环境功能区质量评估技术规范》(DB 32/T 3871—2020)等规范性文件,结合滆湖生态系统特征及面临的主要问题,本章提出涵盖水生境、水环境、水生物 3 个方面 12 项指标的水生态环境质量评价指标体系(表 8-4)。

表 8-4　漏湖水生态环境质量评价指标体系

| 目标层 | 准则层 | 指标层 | 权重 | | 得分 | | 总分/等级 |
|---|---|---|---|---|---|---|---|
| 漏湖水生态环境质量 | 水生境 | 湖体干扰指数 | 0.3 | 0.3 | 61.4 | 52.3 | 50.2/一般 |
| | | 缓冲区干扰指数 | 0.3 | | 4.5 | | |
| | | 生态水位满足程度 | 0.2 | | 100 | | |
| | | 水位变幅程度 | 0.2 | | 62.5 | | |
| | 水环境 | 营养状态指数 | 0.4 | 0.3 | 65.4 | 64.5 | |
| | | 河流综合污染指数 | 0.3 | | 74.1 | | |
| | | 底泥综合污染指数 | 0.3 | | 53.8 | | |
| | 水生物 | 浮游植物密度 | 0.3 | 0.4 | 53.7 | 37.9 | |
| | | 大型水生植物覆盖度 | 0.2 | | 1.4 | | |
| | | 浮游动物多样性指数 | 0.1 | | 52.8 | | |
| | | 底栖动物完整性指数 | 0.2 | | 27.8 | | |
| | | 鱼类保有指数 | 0.2 | | 53.3 | | |

## 8.2.2　水生境

### 1. 湖体干扰指数

湖体干扰指数指湖泊水域保护完好程度。按照以下公式计算,赋分标准如表 8-5 所示,赋分采用区间内线性插值。

$$R_{up} = \frac{A_w}{A_n} \times 100\%$$

式中:$R_{up}$——湖体干扰指数;

$A_w$——开发利用的水面面积($km^2$);

$A_n$——评价湖泊正常蓄水位下的水域面积($km^2$)。

表 8-5　湖体干扰指数赋分标准

| 湖体干扰指数(%) | [0,5] | [5,15) | [15,25) | [25,40) | [40,100) |
|---|---|---|---|---|---|
| 赋分 | [90,100] | [70,80) | [60,75) | [60,70) | [0,60) |

## 2. 缓冲区干扰指数

缓冲区指湖泊水体与陆地的过渡区域。缓冲区干扰指数指湖泊岸带受人类活动干扰的程度,以湖泊岸带受人类活动干扰面积占总面积的百分比表征,按照以下公式计算,赋分标准如表 8-6 所示。

$$A = \frac{A_{DR}}{A_R} \times 100\%$$

式中:$A$ ——缓冲带干扰指数;

$A_{DR}$ ——受人类活动干扰而发生变化的岸带面积,干扰类型包括商服用地、工矿仓储用地、住宅用地、公共管理与公共服务用地、交通运输用地、农业用地等用地类型($km^2$);

$A_R$ ——缓冲区总面积($km^2$)。

表 8-6 缓冲区干扰指数赋分标准

| 缓冲带干扰指数(%) | [0,15] | (15,30] | (30,60] | (60,90] | (90,100] |
|---|---|---|---|---|---|
| 赋分 | [90,100] | [75,90) | [60,75) | [20,60) | [0,20) |

## 3. 生态水位满足程度

评价湖泊生态水位满足程度,赋分标准如表 8-7 所示,其中滆湖生态水位为 2.65 m。

表 8-7 湖泊生态水位满足程度评价赋分表

| 评价指标 | 赋分 |
|---|---|
| 年内 365 日日均水位均高于最低生态水位 | 100 |
| 日均水位低于最低生态水位,但 3 天滑移平均水位不低于最低生态水位 | 75 |
| 3 天滑移平均水位低于最低生态水位,但 7 天滑移平均水位不低于最低生态水位 | 50 |
| 7 天滑移平均水位低于最低生态水位 | 30 |
| 14 天滑移平均水位低于最低生态水位 | 20 |
| 30 天滑移平均水位低于最低生态水位 | 10 |
| 60 天滑移平均水位低于最低生态水位 | 0 |

### 4. 水位变幅程度

水位变幅程度用水位变异指数表征,计算 12 个月的水位与多年平均相比变幅的累加值,当水位变幅程度小于 0.05,本指标赋分 100 分,当水位变幅程度大于 5,本指标赋分为 0,具体计算公式如下:

$$WLF = \left\{ \sum_{m=1}^{12} \left( \frac{w_m - W_m}{\overline{W}} \right)^2 \right\}^{1/2}$$

式中:$WLF$——湖泊水位变幅程度;

$w_m$——评价年湖泊第 $m$ 月实测月均水位;

$W_m$——评价湖泊的历年(采用 1990—2020 年)第 $m$ 月天然月均水位;

$\overline{W}$——评价湖泊历年天然月均水位的年均值。

水位变幅程度赋分标准如表 8-8 所示。

表 8-8 水位变幅程度赋分标准

| 水位变幅指数 | $[0.05, 0.1]$ | $(0.1, 0.3]$ | $(0.3, 1.5]$ | $(1.5, 3.5]$ | $(3.5, 5]$ |
|---|---|---|---|---|---|
| 赋分 | $[75, 100]$ | $[50, 75)$ | $[25, 50)$ | $[10, 25)$ | $[0, 10)$ |

## 8.2.3 水环境

### 1. 营养状态指数

营养状态指数评价采用《地表水环境质量评价办法(试行)》中的方法,营养状态评价项目包括总磷(TP)、总氮(TN)、叶绿素 a(Chl-a)、高锰酸盐指数($COD_{Mn}$)和透明度(SD),计算公式如下:

$$TLI = 0.2663 TLI(\text{Chl-a}) + 0.1834 TLI(\text{SD}) + 0.1879 TLI(\text{TP}) + 0.179 TLI(\text{TN}) + 0.1834 TLI(\text{COD}_{Mn})$$

其中,$TLI$(Chl-a)、$TLI$(SD)、$TLI$(TP)、$TLI$(TN)、$TLI$($COD_{Mn}$)计算公式分别为:

$$TLI(\text{Chl-a}) = 10 \times (2.5 + 1.086\ln(\text{Chl-a}))$$

$$TLI(\text{SD}) = 10 \times (5.118 - 1.91\ln\text{SD})$$

$$TLI(\text{TP}) = 10 \times (9.436 + 1.624\ln\text{TP})$$

$$TLI(\text{TN}) = 10 \times (5.453 + 1.694\ln\text{TN})$$

$$TLI(\text{COD}_{\text{Mn}}) = 10 \times (0.109 + 2.66\ln\text{COD}_{\text{Mn}})$$

式中，Chl-a、SD、TP、TN、COD$_{\text{Mn}}$ 单位分别为 $\mu$g/L、cm、mg/L、mg/L、mg/L。

湖泊营养状态指数赋分标准如表 8-9 所示。

表 8-9　湖泊营养状态指数赋分标准

| 营养状态指数 | [0, 50] | (50, 55] | (55, 60] | (60, 70] | (70, 100] |
|---|---|---|---|---|---|
| 赋分 | [90, 100] | [75, 90) | [60, 75) | [40, 60] | [0, 40) |

**2. 河流综合污染指数**

采用综合污染指数进行河流水质评价。河流综合污染指数按以下公式计算。

$$P_N = \frac{6.5 - P}{6.5}$$

$$P = \sum_{i=1}^{3} P_i$$

式中：$P_N$——河流综合污染指数归一化结果；

$P$——河流综合污染指数；

$P_i$——河流水质第 $i$ 单项指标质量指数。

氨氮、高锰酸盐指数和总磷的单项指标质量指数按如下公式计算。

$$P_i = \frac{C_i}{C_s}$$

式中：$P_i$——河流水质第 $i$ 单项指标质量指数；

$C_i$——河流水质第 $i$ 单项指标监测值；

$C_s$——河流水质第 $i$ 单项指标目标值，氨氮和高锰酸盐指数以《地表水环境质量标准》(GB 3838—2002)Ⅲ类水质标准限值为目标值；总磷以《地表水环境质量标准》(GB 3838—2002)河流Ⅲ类水质标准限值为目标值。

本章节选取北干河、湟里河、夏溪河、孟津河共 4 条滆湖主要入湖河流进行评价。河流综合污染指数赋分标准如表 8-10 所示。

表 8-10　河流综合污染指数赋分标准

| 河流综合污染指数 | [0.9,1] | [0.65,0.9) | [0.4,0.65) | [0.25,0.4) | [0,0.25) |
|---|---|---|---|---|---|
| 赋分 | [90，100] | [65,90) | [45,65) | [20,45) | [0,20) |

### 3. 底泥综合污染指数

采用综合污染指数法评价表层沉积物 TN、TP 的单项指标污染程度 $S_{TN}$ 和 $S_{TP}$，再由单项污染指数公式计算综合污染指数（$FF$），计算公式如下，若 $FF$ 值大于 5，赋分为 0。

$$S_i = \frac{C_i}{C_s}$$

$$FF = \sqrt{\frac{F^2 + F_{max}^2}{2}}$$

式中：$S_i$——单项评价指数或标准指数（$S_i > 1$ 表示因子 $i$ 含量超过评价标准值）；

$C_i$——评价因子 $i$ 实测值；

$C_s$——评价因子 $i$ 的评价标准值，TN 的 $C_s$ 取 1 000 mg/kg，TP 的 $C_s$ 取 420 mg/kg；

$F$——$n$ 项污染指数的平均值（即 $S_{TN}$ 和 $S_{TP}$ 的平均值）；

$F_{max}$——最大单项污染指数（即 $S_{TN}$ 和 $S_{TP}$ 中最大者）。

湖泊沉积物营养物质污染指数赋分标准如表 8-11 所示。

表 8-11　湖泊沉积物营养物质污染指数赋分标准

| 综合污染指数 | [0,1] | (1,1.5] | (1.5,2.5] | (2.5，5] |
|---|---|---|---|---|
| 赋分 | [90，100] | [70,90) | [50,70) | [0,50) |

## 8.2.4　水生物

### 1. 浮游植物密度

浮游植物群落结构是反映湖泊水生态状况的重要指标，其生长周期短，对环境变化敏感,采用浮游植物密度评价其群落特征,赋分标准如表 8-12 所示,密度大于 8 000 万个/L,赋分为 0。

**表 8-12 浮游植物密度赋分标准**

| 藻类密度(万个/L) | [0,300] | (300,1 700] | (1 700,4 000] | (4 000,8 000] |
|---|---|---|---|---|
| 赋分 | [90,100] | [75,90) | [60,75) | [0, 60) |

### 2. 大型水生植物覆盖度

以湖泊水域内大型水生植物中非外来物种的总覆盖度变化状况评价大型水生植物覆盖度指标,采用参照状态比对赋分法。

本章节选择 20 世纪 80 年代作为参照时期,其水生植被分布面积约为全湖面积的 87.5%。以评价年大型水生植物覆盖度现状与参照值比较,计算覆盖度变化率,赋分标准如表 8-13 所示,若变化率大于 0 记为 100 分,具体计算公式如下:

$$R = \frac{A_N - A_P}{A_P}$$

式中:$R$ ——大型水生植物覆盖度变化率;

$A_N$ ——滆湖大型水生植物覆盖度现状;

$A_P$ ——滆湖大型水生植物覆盖度参照值。

**表 8-13 大型水生植物覆盖度变化率指标赋分标准**

| 覆盖度变化率(%) | [−10, 0] | [−30,−10) | [−30,−70) | [−95,−70) | (−∞,−95) |
|---|---|---|---|---|---|
| 赋分 | [80, 100] | [50,80) | [25,50) | [0,25) | 0 |

### 3. 浮游动物多样性指数

浮游动物是湖泊水生态系统食物链中将初级生产者的能量传递到高营养级的中枢环节,其种类组成、多样性、形体大小等方面可反映湖泊水生态系统所受到的胁迫压力。采用浮游动物 Shannon-Wiener 多样性指数表征评价浮游动物多样性指数,赋分标准如表 8-14 所示。

表 8-14　浮游动物多样性指数赋分标准

| 浮游动物多样性指数 | [3,4] | [2,3) | [1,2) | [0,1) |
|---|---|---|---|---|
| 赋分 | [85,100] | [65,85) | [40,65) | [0,40) |

#### 4. 底栖动物完整性指数

以大型底栖无脊椎动物完整性指数进行评价,按如下公式进行归一化。若计算结果大于 1,取为 1。

$$IBI_N = \frac{IBI}{IBI_E} \times 100$$

式中:$IBI_N$——大型底栖无脊椎动物完整性指数归一化结果;

$IBI$——大型底栖无脊椎动物完整性指数;

$IBI_E$——淡水大型底栖无脊椎动物完整性指数期望值,江苏省太湖流域湖泊、水库和河流水体淡水大型底栖无脊椎动物完整性指数期望值取值均为 2.74。

归一化后,淡水大型底栖无脊椎动物完整性指数赋分表如表 8-15 所示。

表 8-15　淡水大型底栖无脊椎动物完整性指数赋分表

| $IBI_N$ 指数 | [95,100] | [70,95) | [50,70) | [25,50) | [0,25) |
|---|---|---|---|---|---|
| 赋分 | [90,100] | [75,90) | [50,75) | [25,50) | [0,25) |

#### 5. 鱼类保有指数

采用现状监测和历史记录的土著鱼类种类数差异进行评价。按以下公式计算评价湖泊鱼类保有指数,鱼类保有指数赋分标准如表 8-16 所示。

$$I_{fr} = \frac{S_{fo}}{S_{fe}} \times 100\%$$

式中:$I_{fr}$——鱼类保有指数;

$S_{fo}$——现有评价湖泊鱼类种类数(不计入入侵种和外来种);

$S_{fe}$——历史记录评价湖泊鱼类种类数。

表 8-16 鱼类保有指数赋分标准

| 鱼类保有指数(%) | [85,100] | [60,85) | [40,60) | [0,40) |
|---|---|---|---|---|
| 赋分 | [90,100] | [60,90) | [40,60) | [0,40) |

### 8.2.5 水生态环境质量状况分级标准

根据分项指标赋分及权重,计算各层次指标得分,最终计算滆湖水生态环境质量综合评价指数。评价结果分为优、良、中、一般、差五个等级,对应指数值与分级如表 8-17 所示。

表 8-17 滆湖水生态环境质量状况综合评价分级标准

| 综合评价指数值 | [90,100] | [75,90) | [60,75) | [40,60) | [0,40) |
|---|---|---|---|---|---|
| 等级 | 优 | 良 | 中 | 一般 | 差 |

## 8.3 水生态环境质量评价结果

### 8.3.1 水生境评价

滆湖蓄水范围面积为 189 km²,蓄水范围内有部分圈圩,无围网,2020 年圈圩面积为 46.255 4 km²,水面干扰指数为 24.09%,赋分为 61.4 分。

统计滆湖 2020 年 3 km 范围内缓冲带土地利用情况,坑塘、耕地、建设用地和其他非生态用地总计占比 2.27%,赋分为 4.5 分。

据统计,2020 年全年滆湖平均水位 3.55 m,全年最高水位 4.86 m(7 月 30 日),最低水位 3.10 m(1 月 16 日),水位最大变幅 1.76 m。全年逐日水位均高于滆湖生态水位(2.65 m),生态水位满足程度赋分 100 分。对比滆湖历年月平均水位,2020 年滆湖水位变异指数为 0.20,赋分为 62.5 分。

### 8.3.2 水环境评价

2020 年滆湖水质主要限制指标为总磷和总氮,均值分别为 0.13 mg/L、1.77 mg/L,为 V 类水,高锰酸盐指数均值为 4.67 mg/L,为 Ⅲ 类水,叶绿素 a

浓度较高,与2019年相比略有上升,为15.07 μg/L,计算后得到滆湖2020年综合营养状态指数为58.2,赋分65.4分。

底泥综合污染指数法显示,2020年滆湖底泥TN、TP的单项污染指数范围分别处于1.99～2.89和1.51～2.77之间,平均分别为2.38和2.10。结果显示,约有20%的点位沉积物的总氮处于中度污染水平,约有80%的点位达到了重度污染;总磷100%的点位达到了重度污染水平,综合污染指数($FF$)范围为1.91～2.86,平均为2.31,赋分为53.8分。

2020年滆湖4条主要入湖河流的总磷介于0.068～0.118 mg/L之间,均值为0.092 mg/L(Ⅱ～Ⅲ类),氨氮介于0.27～0.95 mg/L,均值为0.52 mg/L(Ⅱ～Ⅲ类),高锰酸盐指数介于3.6～4.6 mg/L,均值为4.24 mg/L(Ⅱ～Ⅲ类)。主要入湖河流中,总磷高值出现在夏溪河,氨氮高值与高锰酸盐指数高值均出现在孟津河,计算河流综合污染指数均值为0.74,赋分74.1分。

### 8.3.3　水生物评价

2020年滆湖浮游植物发现6门76种,其中绿藻门38种,硅藻门14种,蓝藻门17种,裸藻门3种,甲藻门和隐藻门各2种。优势种属主要为蓝藻门、硅藻门和绿藻门,主要有微囊藻属、鱼腥藻属、束丝藻属、伪鱼腥藻属、小环藻属、二角盘星藻、丝状绿藻和颗粒直链藻。根据赋分标准,浮游植物密度均值为4 418万个/L,赋分53.7分。

2020年滆湖监测发现浮游动物共63种,轮虫40种,枝角类15种,桡足类8种。优势种有萼花臂尾轮虫、前节晶囊轮虫、针簇多肢轮虫、长三肢轮虫、角突臂尾轮虫。2020年滆湖浮游动物密度为1 515.7 ind/L,生物量为4.40 mg/L。轮虫和桡足类密度都有所下降,枝角类密度上升。浮游动物多样性指数均值为1.51,赋分52.8分。

滆湖曾是典型的浅水草型湖泊,水生植物分布广泛,根据历史调查结果,1986年覆盖度为87.5%,然而由于湖区沉水植物受到藻类迅速繁殖的影响,覆盖面积每年以约10%的速度递减,成片的沉水植物消失,仅有少量呈点状分布,湖心区除了在部分围网附近有少量菱和极少量的荇菜出现外,基本属于藻类占优势的无水草区。2018—2020年调查显示,滆湖水生植物均主要分布于沿岸,多以不连续的带状及斑块状分布,浮叶植物菱常镶嵌分布于芦苇和菰群落之中，2020 年漷湖大型水生植物覆盖度为 5.6%，变化率为 −93.5%，赋分为 1.4 分。

2020 年，漷湖底栖动物总密度为 156.67 ind/m²，总生物量为 0.27 g/m²，共发现两个门类，分别为环节动物门和节肢动物门，优势种为多巴小摇蚊。底栖动物完整性赋分为 27.8 分。

2020 年，漷湖鱼类共发现 32 种，优势种为鲫、翘嘴鲌、鲢、鳘、黄颡鱼，鱼类群落明显有小型化的特征，鳙鱼优势度的下降及翘嘴鲌、鳘、黄颡鱼等小型鱼类成为优势种，都表明漷湖小型鱼类优势度增加的特征。鱼类保有指数为 53.33%，赋分为 53.3 分。

### 8.3.4　综合评价

根据评价方法，2020 年水生态环境质量状况综合指数得分 50.2 分，水生态环境质量评价等级为"一般"。漷湖水生态环境质量评价得分如图 8-1 所示。

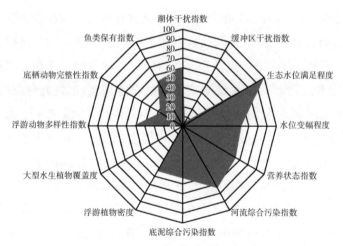

**图 8-1　漷湖水生态环境质量评价得分**

结合环境质量评价与水生态系统调查监测结果，研究表明现阶段漷湖水生态环境质量面临的主要问题为：①缓冲带土地开发利用强度大，生态用地占比不高，水域生境状况一般；②湖泊底泥总磷、总氮污染程度较重，总体处于中重度污染状态；③水生态系统完整性不高，大型水生植物较历史时期退化严重,浮游植物密度总体偏高,鱼类保有指数较低,底栖动物群落完整性较低,水生态保护形势严峻。

## 8.4 小结

目前,国内外多从物理形态、水文水资源、水化学、水生物等方面开展湖泊水生态环境质量评价,已经积累比较丰富的数据与经验。国内学者基于大量科学研究,构建了适合中国的湖泊生态环境质量评价规范。本章参考相关标准规范,针对滆湖生态系统特征,提出了包括水生境、水环境及水生生物三大方面的评价体系。

评价结果显示,滆湖水生态环境质量状况综合指数得分为 50.2 分,评价等级为"一般",水生境得分 52.3 分、水环境 64.5 分、水生态 37.9 分。其中,生态水位满足程度指标得分最好,达到 100 分,缓冲带干扰指数、大型水生植物覆盖度及底栖动物完整性指数较差,得分均低于 30 分,其余指标均在 50~75 分之间。结果表明,滆湖水生态环境质量主要短板体现在水生境和水生态两方面。

根据水环境评价结果,滆湖的营养状态和入湖河流综合污染状况达到中等水平,但底泥综合污染指数得分较低,其中,总磷单项污染指标在所有采样点位均为重度污染水平,工业化和城市化的快速发展,加之此前围网养殖,均是滆湖沉积物中营养盐的贡献者;滆湖水生境评价中,缓冲区干扰指数仅为4.5 分,2020 年缓冲区生态用地总计占比仅为 2.27%,其中非生态用地的最大占比为耕地和建设用地,工业、农业污染压力较大;滆湖的水生物评价结果总体一般,2000 年以后,在围网养殖等人为因素的影响下,滆湖的水生植物群落退化严重,水生态系统也随之发生了一系列变化,在湖泊富营养化的背景下,藻类密度升高,浮游动物多样性降低,底栖动物完整性降低,本土鱼类物种损失。目前看来,滆湖的水生生物完整性不容乐观,尤其是水生植物、底栖动物方面,在后续的生态修复工程中,需要着重加强水生植物恢复及水生境的改善。

富营养化、局部水域蓝藻水华、大型水生植物衰退、鱼类和底栖动物群落退化等问题是滆湖的生态系统质量状况总体处于一般状态的主要原因,也是长江中下游地区许多湖泊所面临的典型问题。当前,滆湖生态环境保护正处于关键阶段,管理部门在分析环境质量评价总体结果的同时,需重点关注分析短板指标,科学制定生态系统保护与修复措施。

# 参考文献

[1] CARVALHO L, MACKAY E B, CARDOSO A C, et al. Protecting and restoring Europe's waters: An analysis of the future development needs of the Water Framework Directive[J]. Science of the Total Environment, 2018, 658: 1228-1238.

[2] ROSSBERG A G, UUSITALO L, BERG T, et al. Quantitative criteria for choosing targets and indicators for sustainable use of ecosystems[J]. Ecological Indicators, 2017, 72: 215—224.

[3] MARTIN G. 欧盟水框架指令手册[M]. 北京:中国水利水电出版社,2008.

[4] HERING D, FELD C K, MOOG O , et al. Cook book for the development of a Multimetric Index for biological condition of aquatic ecosystems: Experiences from the European AQEM and STAR projects and related initiatives[J]. Hydrobiologia, 2006, 566 (1): 311-324.

[5] Federal Government of the United States. Clean Water Act[S]. Washington DC: U. S. Environmental Protection Agency, 1972.

[6] 阴琨,吕怡兵,滕恩江. 美国水环境生物监测体系及对我国生物监测的建议[J]. 环境监测管理与技术,2012,24(6):17-19.

[7] 金小伟,王业耀,王备新,等. 我国流域水生态完整性评价方法构建[J]. 中国环境监测,2017,33(1),75-81.

[8] 张远,江源,等. 中国重点流域水生态系统健康评价[M]. 北京:科学出版社,2019.

[9] 阴琨,王业耀. 水生态环境质量评价体系研究[J]. 中国环境监测,2018,34(1):1-8.

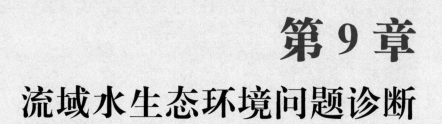

# 第 9 章
# 流域水生态环境问题诊断

## 9.1 水生境问题诊断

### 9.1.1 干支流水系连通度较低

河网水系连通性是维系良性水循环、保障河流和湖泊健康的必然要求，水系连通受区域水循环背景条件和过程共同影响。滆湖周围干流的水系连通度相对较好，但干支流整体的水系连通度却较差，支流支浜水系连通度较低是区域内水系连通的主要问题。造成滆湖周边干支流水系连通度低的原因如下：

第一，滆湖东部区水系支浜密布，为满足防洪、航运等需求，闸坝等水利工程建设较多，对自然河网水系产生了强烈的干扰[1]。部分闸坝常年处于关闭状态，导致支流断流现象较多，小型支流的水系连通性遭到了一定程度上的破坏，阻碍了水生生物要素的流通。第二，滆湖区域城市化、工业化的发展进程中，由于人类活动侵占、堵塞河道，改变了区域河湖面积、数量、形态，切断了区域河湖的内在联系，水循环和生态系统物质、能量流动遭到破坏，导致水生态环境逐渐恶化。因此，确保支流支浜连通性良好，对于解决滆湖周围区域水资源环境承载力不足、洪水宣泄不畅等问题具有重要意义。

### 9.1.2 湖体过度开发利用

在滆湖开展"退圩还湖"工作之前，滆湖面临着湖体过度开放利用的危机。湖内围网在 2008 年达到面积最大值 87.7 km² 左右，一度占湖泊总面积的 45% 左右，对滆湖水生态环境造成了很大程度的影响和污染。随着一期、二期退圩还湖工程的实施，滆湖圈圩面积与 1984 年几乎持平，围网已经全部拆除，滆湖湖体的过度开发利用问题有了极大的缓解。

滆湖生态缓冲区的生态用地面积与占比从 1984 年至今总体呈下降趋势，现阶段其生态用地面积为 5.34 km²，占比为 2.44%。在造成滆湖水质污染与水体富营养化的各种因子中，面源污染的贡献不可忽视。由于人类活动加剧、围湖开垦等多种因素，坑塘、建设用地面积大幅增加，小型坑塘多用于水产养殖，大量饵料残渣在相对封闭的条件下被微生物分解为有机物，有机物逐渐积累并随着大气沉降和地表径流等进入水体或沉积在底泥中,使得面源污染拦截能力下降。为了进一步加强漏湖区域的生态保护,还应该加大生态缓冲区的建设,加强湿地保护和修复,提高水体环境质量。

## 9.2　水生态环境问题诊断

### 9.2.1　湖泊内源污染

近年来,漏湖外源污染控制已经取得了一定的成效,入湖河道水质基本达到优Ⅲ类标准,而内源污染释放已经逐渐限制漏湖水生态环境质量提升。漏湖沉积物营养物质污染评价结果显示:污染程度均在中重度污染,TP、TN、有机质含量高值均处于湖区北部,沉积物中的营养物质为漏湖蓝藻水华暴发提供了物质基础,也是漏湖 TP 浓度居高不下的重要影响因素。内源污染会阻止湖泊从浊水到清水的稳态转化,给湖泊的生态修复带来困难。造成漏湖内源污染加剧的原因主要包括以下几点:

第一,历史上漏湖湖区北部人口较多,工业化和城市化发展迅速,入湖河流携带进入湖体的营养物质较多。第二,此前湖体围网养殖区域大量投加的饲料和鱼类粪便逐渐沉积,所含的氮磷等元素重新释放到水体,在适宜的条件下沉降进入沉积物中,此外大量水生植物死亡腐烂分解也增加了漏湖沉积物中氮磷营养盐的含量,加重了漏湖内源污染。第三,漏湖属于典型的浅水湖泊,平均水深不足 1.5 m,底泥易受风力扰动悬浮,从而向湖体释放大量营养物质,加剧了湖体富营养化进程。此外,近年来漏湖鱼类密度逐渐增大,鱼类对底泥的扰动作用加剧,鱼类对底泥的扰动也逐渐成为漏湖内源污染加剧的重要因素。第四,内源污染是漏湖蓝藻水华频繁暴发的主要驱动因素之一,蓝藻水华反过来又会促进内源磷的大量释放,未被吸收的内源磷又会积累在底泥表层,以此形成恶性循环。

### 9.2.2　沉水植被衰退

水生植物是湖泊生态系统重要的生产者和构建者,其维持湖泊清水稳态的机制得到广泛的认可[2]。2000 年之前,漏湖沉水植物覆盖度一度高达 90%

以上,表现为典型的"清水草型"特征,湖体抵御外界污染冲击能力较强,可以在短时间内得以恢复;然而,受 1998 年和 1999 年连续两年洪水影响,以及入湖污染物量大、水体富营养化严重,滆湖沉水植物自 2000 年起逐年退化,至 2007 年基本消失,个别入湖口处偶有分布,滆湖由"清水草型"湖泊彻底退化成了"浊水藻型"湖泊,一直延续至今。水生植物的演变趋势与环境效应有着密不可分的关系,根据历史调查结果和现有资料的分析,以入湖河流输入为主的外源污染和以沉积物释放为主的内源污染可能是影响水生植物覆盖度的主要原因。此外,1999 年苏南地区连降暴雨,导致湖泊水位上升,水体透明度下降,沉水植物因光合作用减弱而死亡、腐烂,覆盖率迅速下降。水生植物优势类群发生了显著变化,过去以沉水植物为主的群落结构逐渐被以芦苇、菰等挺水植物为主的群落结构所取代,滆湖敞水区沉水植物匮乏,可见零星菱、荇菜等浮叶植物。

滆湖湖体透明度低是沉水植被衰退所导致的典型问题。自 2000 年洪水开始,滆湖沉水植被大范围消退,直至 2007 年滆湖沉水植被基本全部消退,透明度低、浊度高已经成为滆湖典型特征。其一,滆湖沉水植被消退,底泥难以得到固持,沉积于底泥的悬浮物易受到风浪干扰,从而使得滆湖湖水变浑浊。得不到固定的悬浮物会向湖水持续释放氮、磷、碳等物质,导致滆湖水生态环境质量恶化。其二,悬浮物会阻碍溶解氧向水体下部扩散,影响水生生物的呼吸和代谢,甚至导致鱼类的窒息死亡;水体含悬浮物过多,会妨碍表层水和深层水的对流,造成下游河渠水塘的淤塞。其三,目前滆湖已经转变为"浊水藻型"湖泊,并可能在此状态下维持相当长一段时间。蓝藻生物量大也会导致水体透明度下降,从而遏制水生植物生长,水生植被衰亡又会反过来促进藻类生物繁殖及底泥再悬浮,造成恶性循环。

因此,滆湖沉水植被衰退以及沉水植被衰退所导致的透明度低等问题已经成为当前滆湖面临的水环境问题的关键之一,亟须有效控制滆湖悬浮物浓度、减少对固定底泥的扰动和遏制蓝藻水华暴发。复植水生植物、增加沉水植被存活率已经成为提升滆湖水体透明度、降低浊度的有效手段,是推动滆湖水生态环境质量稳定向好发展的关键一环,同时也是促进"浊水藻型"向"清水草型"转变的重中之重。

### 9.2.3 建设用地增加

土地利用类型转变是滆湖流域水生态系统退化的重要原因之一。研究区域土地利用类型的转变主要体现在：一是种植业结构发生调整；二是建设用地面积增加导致下垫面硬化；三是水产养殖面积大量增加。水田作为一种人工调蓄型湿地，具有蓄洪防涝、拦截面源污染的作用，然而20世纪60年代以来，研究区域水田面积由占陆域总面积的90%降至不足10%，极大地削减了流域蓄洪的作用。建设用地增加及流域下垫面硬化可以导致地表径流流速加快，降雨期间地面径流携带的污染物快速冲入河道，进而汇入滆湖。20世纪80年代以来，滆湖流域鱼塘面积大量增加，并且鱼塘都是沿河流或者沿湖而建，水产养殖前期管理相对粗放，在翻塘及换水期间，污染物直接排入河湖，导致流域污染进一步加重。

此外，滆湖生态缓冲带面积逐渐减少，其拦截陆源污染及自净能力下降。根据实地调研可知，20世纪60年代以前，滆湖生态缓冲带较为完善，基本由乔灌草本植物组成，给滆湖穿上了一件厚厚的"绿衣"，不过60年代以后，随着滆湖围湖造田及围湖养鱼活动的加剧，滆湖生态缓冲带逐步退化甚至消失，对于面源拦截及水体的净化功能基本丧失，导致滆湖湖体更易于受到外界污染冲击，生态系统弹性下降。综上所述，随着建设用地的增加，生态缓冲带面积逐渐减少，滆湖流域对于地表径流和污染物的蓄积和滞留能力大为削弱，无法有效缓解面源污染对于河流和湖泊的冲击，最终导致河湖富营养化进一步加重。

### 9.2.4 汛期污染严重

滆湖属于典型江南平原河网区，水资源丰富，受降雨、径流影响，汛期大量污染物排入河湖，给水生态系统造成了极大的破坏。污染源时间趋势显示：6—8月（汛期）期间，面源污染物入河量占全年的80%，严控汛期面源污染、削减汛期污染物入湖负荷是推动滆湖水生态环境持续改善的关键。

# 参考文献

［1］ 尚钊仪.平原河网水系连通多尺度评价及调控对策研究［D］.上海：华东师范大学,2015.

［2］ 杨桐,袁昌波,曹特,等.洱海沉水植物群落恢复与优化初探［J］.湖泊科学,2021,33(6)：1777-1787.

# 第 10 章

## 综合管控策略

近 40 年来,滆湖生态环境演变过程发生了重大转变。受人口密度增加、土地利用类型转变、不同产业特定历史时期粗放发展等因素的影响,滆湖流域生态系统弹性严重下降,湖体受到外来污染冲击时无法有效缓冲,湖泊水生态系统迅速退化,由"清水草型湖"转变为"浊水藻型湖"。2007 年太湖蓝藻污染事件发生以后,政府部门对太湖流域上游的滆湖水环境治理愈加重视,滆湖流域内开展了大量水生态环境治理工作。河流层面,滆湖出入湖河流的水环境质量明显提升,截至 2020 年,大部分出入湖河流水质基本可达地表水 Ⅲ 类标准。湖体层面,水质虽然有所改善,但随着滆湖沉水植被的大量消退及内源性污染加剧,湖体水环境质量仍然为地表水 Ⅴ 类,滆湖水生态环境质量未发生质变。

本研究基于滆湖流域人文、产业、土地利用及水生态环境历史演变特征,以问题为导向,提出了滆湖治理思路,重点从源头治理、出入湖河流治理、湖体治理及长效管控四个方面对滆湖流域综合整治提出了针对性的对策和建议。

## 10.1　滆湖治理思路

滆湖水生态环境整治工作应从流域层面加强顶层设计,明确滆湖作为太湖生态屏障的功能定位,立足于上海大都市圈和苏锡常一体化发展背景,以及近 40 年来太湖长效治理和新孟河全线贯通的新形势,重新审视滆湖的生态环境治理、科学定位滆湖的生态功能。

(1) 系统构建滆湖流域水生态环境治理体系。滆湖流域水环境治理,应遵循生态优先、绿色发展的先进理念,践行"节水优先、空间均衡、系统治理、两手发力"的治水思路,基于分区、分级、分期、分类的原则,系统构建滆湖流域水生态环境治理体系,逐步推进陆域和水域生态环境整治,切实保护好蕴含本地生态属性和地方生态特色的滆湖。

(2) 积极推进滆湖流域"三水统筹"治理。一是水资源层面,建议充分发挥新孟河工程强大的水利调节功能,制定合理的调度规则,兼顾区域河流生态流量和湖泊生态水位需求,切实保障滆湖流域水安全及水资源配置。二是水生态层面,建议基于退田还湖工程,科学构建滆湖生态缓冲体系;基于滆湖水动力及水生态异质性，分区实施生态修复。三是水环境层面，针对新孟河开通后滆湖不同湖区水质不确定性等问题，由省级层面组织力量，系统研究滆湖流域河湖氮磷衔接事宜，制定更为科学、合理、具备可操作性的河湖水质考核目标。

（3）切实提升科技支撑及制度保障力度。一是建议加强滆湖流域水生态环境演变机制研究，围绕滆湖藻华控制、沉水植物修复及新孟河开通的生态环境影响等重点问题开展长期系统研究，为生态环境管理提供依据。二是建议开展滆湖水生态环境保护立法研究，制定滆湖流域水生态环境保护条例，从法律层面加强滆湖流域生态环境保护和修复，促进资源的合理和高效利用，保障生态安全，实现人与自然和谐共生、滆湖流域永续发展。

（4）推动滆湖流域水生态环境治理与社会经济协调发展。一是立足于滆湖处于太湖西部区核心位置的背景，加大科技投入力度，推动建立生态补偿机制，以社会经济实力助推滆湖水生态环境持续改善。二是推动生态产品价值转换，良好的生态环境是经济社会可持续发展的基础，也是推进现代化建设的内在要求，推动传统产业高端化、智能化、绿色化，加快补齐生态环境等领域短板，提供优质生态产品，可以促进经济高质量发展。

## 10.2 源头治理

源头治理是湖泊治理的核心任务之一，是削减流域内污染负荷的关键。太湖湖西区入太湖水量约占环太湖河道 2020 年入湖总水量的 65%（来自《2020 年度太湖流域及东南诸河水资源公报》），氮磷污染物入湖量占比接近70%，滆湖流域开展源头治理对于太湖生态环境改善具有重要意义[1,2]。污染在水中，根源在岸上，开展滆湖区域农业源、生活源和工业源的源头治理，聚焦生活、工业、农业、水体"四源"共治，削减污染物入湖总量，推动湖泊保护治理从"末端治理"向"源头减污、源头控污、源头截污"转变，是推进滆湖流域水生态环境持续改善的关键。

### 10.2.1 工业源污染防治

一是推动滆湖流域重污染企业清退、重点行业升级改造、企业入园工作，完善钢铁、织染等工业集聚区配套环境设施。二是全面提升漏湖片区工业废水集中收集处理率,推动污水管网建设。三是开展清洁生产审核,引导工业园区、开发区尤其是耗水量大的企业,新建中水回用设施和环保循环设施,推行尾水的循环、再生利用。四是全面完成涉磷企业规范化整治,提升涉磷行业污染治理水平。

### 10.2.2　农业面源污染防治

一是加强农田污染防治,结合漏湖流域种植结构及高标准农田建设,积极推进灌溉及农田退水渠道生态化改造,严格落实农田配方施肥要求,促进绿色种植业发展。二是开展水产养殖污染防治,积极引导养殖户从事低污染水产品养殖;结合地方小流域综合治理项目,整体规划、协同推进养殖池塘标准化改造,重点强化水产养殖塘清塘及换水期间水质管理。三是建立农田面源污染监测体系,定期监测土壤、水体中的农药和化肥残留情况。通过科学评估,及时发现污染源,采取有效措施进行治理。

### 10.2.3　生活源污染防治

一是提升城镇污水收集处理能力,基于问题和目标导向,开展污水管网排查及修复,提升该区域城镇生活污水收集处理率。二是有效提升农村生活污水收集及处理能力,有接管条件的农村地区接入管网,不具备条件的农村地区采用分散式污水处理设施进行处理。三是不具备接管条件且由于人员较少无法支撑分散式污水处理设施正常运行的自然村,鼓励采用返田措施就地消纳。

## 10.3　出入湖河流治理

### 10.3.1　生态缓冲带构建

生态缓冲带是河流重要的生态空间,在控制水土流失、减少面源污染物进入河流、营造生物生境、美化河流景观等方面均发挥着重要作用。生态缓冲带中的微生物、水生植物可以有效降解地表径流携带的氮磷等污染物,对于削减陆域污染物入河量、改善河流水生态环境质量具有重要作用。

漏湖出入湖河流众多,且流向多往复,对于湖体水质存在一定影响,建议围绕漏湖出入湖河流开展生态缓冲带的划定及构建工作。生态缓冲带的划定及建设可参照《河湖生态缓冲带保护修复技术指南》,基于水利部门河道分级制定差异化管控目标。鉴于当前漏湖流域面源污染物入河量占比较高,流域面源控制迫在眉睫,作为控制面源污染较为有效的生态缓冲带,其划定及建设应全面铺开,切实为河湖水质提升构筑一道坚实的"防污墙"。

## 10.3.2　入河排污口管控

作为陆源污染物进入河流的最后一道关口,入河排污口是控制污染物入河的关键环节。加强排污口监管是深入打好碧水保卫战的关键,对于改善河流水质、提升漏湖生态环境质量具有重要意义。具体管控建议如下:

(1)实施入河排污口分类分级管控。摸清各类排污口的分布及数量、污水排放特征及去向、排污单位基本情况,为分类整治打好基础;按照排污口类型特征,开展排污口分类统计;按照排污规模和排污量,对排污口进行分级,确定整治重点。

(2)明晰责任主体,推动精准治污。按照"谁污染、谁治理"和政府兜底的原则,以工业排污口、城镇污水处理厂排污口、农业排污口、其他排污口四种类型为主体,逐一明确排污口责任主体。推进责任主体任务细化,按照"依法取缔一批、清理合并一批、规范整治一批"要求,开展截污治污,从源头推动水生态环境系统治理,守好一泓碧水。

(3)构建全过程监管体系,强化排污口管控。构建"入湖河道—排污口—排污管道—排污企业"全过程监管体系,查排口、摸管道、找源头,发挥新技术优势,支撑排污口全过程管理;实施排污口全链条管理,提升精准监管水平;实现排污口动态监管,建立信息共享机制。

## 10.3.3　河流生态修复

河流生态修复是利用生态系统原理,采取各种方法修复受损伤的水体生态系统的生物群体及结构,以重建健康的水生生态系统,修复和强化水体生态系统的主要功能,实现整体协调、自我维持、自我演替的良性循环。具体举措如下：

（1）制订生态修复计划。根据滆湖周边河流功能及污染源分布现状，梳理重点整治河流名录，按照污染物入河量及对国省考断面影响程度排定河流生态修复优先级。

（2）实施畅流活水工程。通过合理调配水资源，确保各级河流有足够的水量和流量，维持生态系统的正常运转。

（3）实施生态护岸建设。采用生态护岸技术，如植被缓冲带、生态砖护坡等，替代传统的硬质护岸，增强河岸的生态功能，促进水生态系统的自然演替。

（4）强化生物多样性保护。保护和恢复河流水生生物种群，包括鱼类、底栖动物和水生植物等，提高生态系统的生物多样性和稳定性。

## 10.3.4　水系连通度恢复

滆湖周边区域支流闸坝建设较多且部分闸坝长期关闭，支流支浜的整体水系连通度情况较差，因此，该区域亟须适度开展支流水系连通改善工作。在保证防洪安全的前提下，具体建议如下：

一是开展区域闸坝调查，优化闸坝设置，保留功能完善的闸坝，拆除废旧的拦河坝。二是因地制宜调整河道结构，将直立的岸坡改为缓坡；由于区域内圩区较多，建议存在水位落差的断面设置辅助鱼道，恢复河流的纵向连续性和横向连通性，保持支流纵向和横向流态的多样性。三是针对水体滞流、水质易恶化的支浜，在做好控源截污的前提下，通过新孟河—新沟河引排水功能，实施重点支浜畅流活水工程，有效改善支流水环境质量。

# 10.4　湖体治理

本研究基于流域现状，提出了滆湖分区治理的思路。分区生态环境治理是一种根据环境要素的空间分布特征、主导功能的空间分布格局以及经济社会发展状况，将治理目标划分为具有多级结构的区域单元的方法。分区生态环境治理的核心在于因地制宜，针对不同区域的环境问题和特点，制定和实施有针对性的环境治理策略。基于以上原则，本研究将滆湖划分为蓝藻控制区、生态缓冲区、生态修复区。相关分区治理策略如下：

### 10.4.1 蓝藻控制区

蓝藻控制区设置在滆湖北部揽月湾湖区。由于滆湖流域夏季盛行东南风,受风力影响滆湖水华蓝藻易汇入滆湖北部的揽月湾湖区,导致揽月湾蓝藻水华时常暴发。由于该湖区紧邻常州市"两湖"创新区核心区,是今后常州市重点发展区域,因此水华蓝藻控制形势较为严峻。当前湖泊水华蓝藻控制技术主要有机械打捞法、絮凝沉降法、生物控制法等。结合滆湖揽月湾实际情况,我们推荐采用机械打捞法及生物控制法进行控藻。

揽月湾江宜高速高架桥下设置围隔挡藻设施,设施中间设置多个倒 V 形蓝藻收集装置,湖体蓝藻受风力驱动进入倒 V 形蓝藻收集设施后,使用机械除藻设施进行集中打捞。此外,结合渔业部门管理工作,在滆湖中进行增殖放流,投放鲢鳙等滤食性鱼类,通过水生生物的食物链关系控制藻类种群数量,控制蓝藻水华暴发,实现以鱼控藻。

### 10.4.2 生态缓冲区

生态缓冲区是湖泊的缓冲与过渡区域,通过限制缓冲区内的人类活动,可以起到缓解人类活动对湖泊影响的强度和程度的作用。划定和管控策略如下:

(1)划定原则。一是生态保护优先,将生态保护作为首要原则,确保缓冲区能够最大限度地保护滆湖的生态环境和生物多样性。二是科学性与合理性,基于生态学、水文学等科学原理,结合滆湖的具体特点,合理划定缓冲区的范围和边界。三是可持续性与可操作性,考虑到社会经济发展需求和实际管理操作可行性,确保缓冲区划定具有可持续性和可操作性。

(2)管控措施。一是严格限制开发活动。在湖泊生态缓冲区内,应严格限制与湖泊保护无关的开发建设活动,防止人类活动对湖泊生态系统造成破坏。对于已有的开发建设项目,应进行严格的评估和审查,确保其符合湖泊保护的要求。二是加强污染防控。加强湖泊生态缓冲区内的污染防控工作,严格控制污染物的排放。对于农业、工业等污染源,应采取有效的治理措施,减少污染物的产生和排放。三是恢复与保护生态功能。通过植被恢复、湿地建设等措施,增强缓冲区的生态功能,提高其对湖泊生态系统的保护作用,维护湖泊生态系统的稳定和健康。四是建立监测与评估机制。定期对缓冲区的生态环境、水质水量等指标进行监测和评估,根据评估结果,及时调整和优化管控措施,确保湖泊生态缓冲区的有效性。

### 10.4.3　生态修复区

漏湖生态修复区是生态缓冲区以外的其他湖体区域。结合生态缓冲区的构建,生态修复区从岸边向湖体内部逐渐推进,具体修复策略如下:

(1)实施底泥清淤及水下地形重塑。漏湖作为典型富营养化浅水湖泊,底泥淤积量大,且底泥中含有大量营养盐,在风力扰动时可向水体大量释放,加剧湖体富营养化程度。因此,漏湖须继续推进湖体底泥疏浚,扩大湖体疏浚面积,开发底泥资源化利用技术,合理处理、利用疏浚后的底泥。实施清淤的同时,结合后续生态修复以及入湖河流泥沙拦控的需要,对入湖口门河道实施水下微地形重塑,减小入湖河道对湖体的冲击;构建水生态修复适宜高程,改变沉水植物种植区域的水深条件,为沉水植物种植打下良好的生境基础。

(2)重建漏湖水生植物群落,促进水生态系统结构和功能稳定。首先,构筑消浪柱及阻流控鱼围网,一方面可以降低风浪对于水体的扰动,提升湖体透明度,另一方面可以防止鱼类进入水生植物修复区牧食水草。其次,筛选适宜于漏湖生态修复的水生植物先锋种和优先建群种,配置挺水植物、浮叶植物、沉水植物,形成挺水-浮叶-沉水群落交错带,发挥水生植被的物理拦截和吸收净化作用。

(3)水生动物调控。针对漏湖水生动物生物多样性低、底栖动物小型化严重以及生态系统食物链结构简单的问题,通过大型底栖动物投放,利用其对悬浮物的过滤絮凝作用提高水体透明度,增强水质净化能力。通过鱼类投放延长食物链,利用鱼类对浮游藻类的控制作用,降低悬浮物颗粒浓度,改善物质循环和能量流动,提高支流氮磷去除效率。

## 10.5　长效管控

### 10.5.1　构建监测评价体系

立足于漏湖流域山水林田湖草沙整体性、系统性,科学布局漏湖区域水生态环境监测网络,建立健全区域水生态环境质量监测网络;着力提升水生态环境监测灵敏度和创新能力,强化高新技术在实时感知、采样分析、溯源追因、应急预警、质量控制全链条监测技术体系中的应用;不断丰富监测手段,突出立体性,建设滆湖流域空、天、地一体监测手段,实现从点、线、面多个维度判断生态环境状况。依据滆湖水生态环境质量现状及目标,研发"分区、分级、分类"的水生态评价方法,形成多层级、多指标的综合评估指标体系;开展滆湖区域水生态环境质量综合评估,并跟踪评价滆湖流域重要生态敏感区水生态变化趋势;制定滆湖区域水生态考核办法,构建"评—考—绩—管"全链条评价体系。

## 10.5.2　实施智慧管控

(1)立足大数据,助推滆湖"治水"变"智水"。滆湖流域相关单位已建设各类水环境管理业务平台,为滆湖流域的水环境管理工作提供了大量的信息支撑,但滆湖流域水污染治理、水环境与生态综合管理是一个复杂的系统工程,迫切需要集成与整合流域内关键信息,打通各部门数据获取通道,真正实现滆湖流域联合监管和联合治理,全面提升滆湖流域的水环境管理决策支撑能力[3]。

(2)构建滆湖水生态环境"智慧"管控系统。一是强化滆湖区域"非现场"监管,提升环境执法效能,创新信息化系统平台,对滆湖区域重点国省考断面水质及流量数据进行监控,实现非现场监管[4]。二是研发滆湖区域水质自动溯源技术,利用大数据和三维荧光等技术实现快速精准溯源。深入探索"大数据＋监管"联合应用,运用大数据挖掘,实现环境质量和污染源监管的实时预警、重点问题研判及内外部成因分析。

## 10.5.3　工程长效运维

水生态环境治理是一项系统工程,其长效运维管理机制是保障工程效益和区域水生态环境质量提升的关键[5]。滆湖区域水生态环境治理项目众多,亟须加强治理工程的长效运维管理,建立系统的长效运管机制。

(1)制定滆湖区域工程项目长效运维方案,定期开展治理成效评估,实现运维管理制度常态化。基于滆湖区域水生态环境治理工程,结合多部门联合模式和流域综合管理模式制定工程长效运维方案;建立滆湖区域水生态环境治理工程的评价机制,确定运维考核办法;推动在线管理调度、跟踪反馈与问题评估整改同步进行,落实工程运维管理常态化。

（2）落实滆湖片区工程运维资金保障,降低工程运维成本,保障工程设备的持续、高效运行。保障水生态环境治理工程长效运维的资金投入,多渠道筹集经费,保障资金持续注入;引入工程专业运维技术,降低运维成本;定时维护工程设备,逐步实现设备自动运行、自动监测和智慧运维。

## 参考文献

［1］陈立婧,梅榛,孔优佳,等. 滆湖控藻网围中鲢鳙对枝角类群落结构的影响[J]. 水产学报,2013,37(4):545-555.

［2］高亚,潘继征,李勇,等. 江苏滆湖北部区整治后浮游植物时空分布及环境因子变化规律[J]. 湖泊科学,2015,27(4):649-656.

［3］冯海军. 基于信息化技术的智慧水利应用及其发展研究[J]. 科技与创新,2023(11):164-166.

［4］白成伟,尹艳丽. 基于"互联网＋智慧水利"的水利工程施工现场管理分析[J]. 科技创新与应用,2023,13(11):193-196.

［5］巫丹,凌虹,周旭,等. 太湖流域黑臭水体治理工程的长效运管机制研究[J]. 安徽农学通报,2018,24(21):132-135.

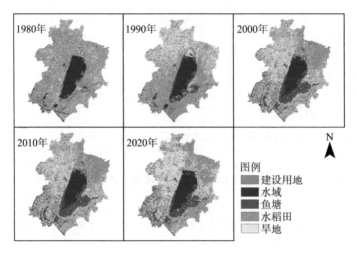

**附图 1　1980—2020 年土地利用类型变化情况**

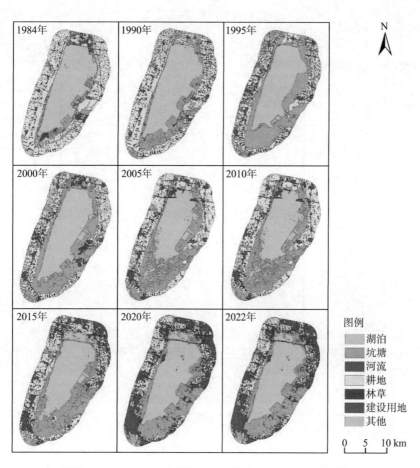

图例

- 湖泊
- 坑塘
- 河流
- 耕地
- 林草
- 建设用地
- 其他

0　5　10 km

**附图 2　1984—2022 年滆湖 3 km 缓冲区土地利用变化情况**

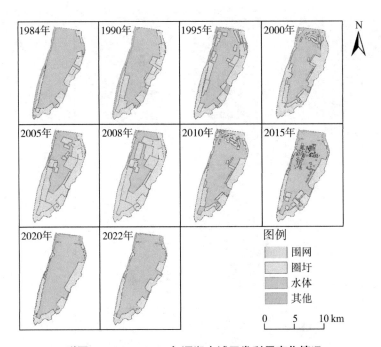

**附图 3　1984—2022 年滆湖水域开发利用变化情况**